宇宙樹

cosmic tree

Takemura Shinichi

竹村真一

慶應義塾大学出版会

太古の人間は植物界を自分の一部分だと思い、
地球を深く愛していました。
地球は人間の一部分である植物を受けとめ、自分の中に根づかせ、
自分の成分から樹皮を作り、樹木を覆ってくれたのです。
古代人は物質的環境のいたるところで、道徳と結びついた評価を行いました。
牧場の植物を前にしたときは、自然の成長する姿を感じただけではなく、
人間の成長力との道徳的な関係を感じとっていたのです。

（ルドルフ・シュタイナー『遺された黒板絵』筑摩書房より）

序　「花見」の原風景

サクラという言葉には、花や樹木を宇宙的なメディアとしてみる感覚がよく表れている。

春になると、山の神が里に降りてきて、田の神となって稲穂に宿る。山の生命力がフユに増え、ハルに張り切って里の方へとあふれだし、やがて稲となって結実する。

その生命力が山から降りてくる兆し、眼にみえない力のあらわれが、ほかならぬ山桜の開花だった。「サ」は穀神＝田の神を意味し、「クラ」はその座、つまりちょうど山桜が色づくあたり、山と里の中間領域での、しばしの休息《トランジット》の場所ということらしい（注1）。

ちなみに、この眼にみえぬ霊力がひたひたと降り来たるプロセスを〝サオリ〟、実りののちに再び山へと昇ってゆくのを〝サノボリ〟と呼んだ。〝サオトメ／サツキ〟などの言葉も、この「サ」の動向をめぐる日本人の霊妙な感覚のあらわれといえる。

だから花は、人間とこの世界を育むエネルギーが一瞬美として可視化されるよりしろなのであり、豊かな実りを約束する宇宙的な便りでもあった。満開の年には必ず豊作といわれ、「花占い」という考えかたが成立しえたのも、この花の前兆としての性格によるものだ。

小さな花のなかに、眼にみえない壮大な生命循環のリズムを観る——その意味で「花」は本質的に宇宙的《コズミック》なメディアであり、その神をお迎えする、宇宙の霊力のおとずれに立ち会うというのが、単に景色として見るだけではない「花見」の原風景だった。

さらに言えば、「花見」はもともと〝花狩り〟と呼ばれ、花の霊力を身にまとうというのが本来の意味。だが、それはただ森林浴のように花の精髄《スピリット》を浴びる、人間が植物から力をもらう、といった一方的な考え方ではなさそうだ。

というのも、「花見」はもともと人間が花を楽しむ以上に、人が花を楽しませ歓ばせるという、本質的にインタラクティヴな営みだったからだ。

花《サクラ》は稲魂が降り立ち、宇宙の生命エネルギーがそこに充溢してくるあらわれなのだから、その華やいだ気配をさらに増幅してゆくことで、秋の実りもより豊かなものとなるだろう。

そこで皆こぞって山に入り、花のまわりで囃子たてて舞い踊る。その美しさにこと寄せた「歌」を詠み、若い男女は愛を交わし、いのちを孕むプロセスを擬態する特別な時空を演出する。

結局、花はただ〝見る〟ものでも、その下で酒を飲むためだけのものでもない。花を見ながら歌い踊るのは、もともと花のためでもあるのだ。

こうして神を歓ばせる芸能的な営みを通じて、花の霊力をさらに鼓舞してゆくことで、世界全体のエネルギーも豊かに増殖してゆく。それは、この宇宙の大きな生命循環のプロセスに、人間もインタラクティヴに参加してゆく創造的な行為といえる。

インド医学の権威シュリ・バグワン・ダーシュは、「植物療法《フィトセラピー》は、単に花や薬草を使って治療することだけを意味するものではない。それは、人間界と植物界がどのように癒しと奉仕の相互的な共生関係を構築していけるか？——そのバランスをコーディネートする人間の営み全体を指すものだ」と述べている（注2）。もともと〝セラピー〟という言葉は、「癒す」という意味の背後に「奉仕する」というニュアンスをあわせもつ。癒しと奉仕という一見対立する概念の相即性が、そこに含意されている。

花見という行為には、こうした人間と植物のあいだの宇宙的な共生関係としての、真の意味での〝フィトセラピー〟のコンセプトが内包されている。

地球文化としての「花見」を、日本固有の慣習といった狭い文脈から解き放って、新たな世紀における人間と自然の関係を調律してゆくための思想の種子として語りなおしていくことも必要なのではないか？

いま私たちは、次の時代の共通感覚《コモンセンス》を表現する、新たな文化の〝OS〟を探し求めている。

「エコ」とか「自然保護」といった旧時代的なキーワードは、それが見つからないゆえに妥協的にパッチワークしているだけの途上の言語であり、若い世代は、まだ本当に表現する言葉をもたないこうした意識のとりあえずの着床点を、植樹や園芸や諸々のセラピー行為のなかに本能的に見いだそうとしている。

だが、人類の精神史において、木は決して単に〃保護すべき〃ものでも、薬や工芸素材として物質的に利用するだけのものでもなかった。

本書を通じて見ていくように、植物は人間とその環境世界のつながりを担保する個性的な媒介者《メディア》であり、人間自身の生きかたと精神的な成長をナビゲートする「鏡」であり、またそれとの深い絆を通じて地球生態系の新たな次元を創出してきた、かけがえのない共進化のパートナーでもあった。

そうした真の意味で植物と共生してきた文化のソフトウエアを現代的な視点で語りなおし、私たち自身の生きかたの可能態として自覚的に選びなおすことで、いま私たちのあいだに芽生えつつある(「エコ」や「スロー」といった言葉で表現されている)新たな意識が、本当はどこへ向かう途上なのか? を、少しは明確にすることができるはずだ。

その過程で、森林や植物の問題が実は私たち自身の問題、「人間」の本質に関わる問いにほかならないことも明らかになるだろう。

古きよき伝統へのノスタルジーとしてでなく、未来の文明を構想する鋳型《プロトタイプ》として、そうした文化のソフトウエアを新たに発見してゆくこと。世界各地の森と生きる人々の経験資源を、地球的な文明デザインの補助線として活用しながら、新たな文化OSを醸成してゆくこと——。

本書の各章は、その意味で次代の文明のコモンセンスを抽出してゆくための思考の分光器《プリズム》であり、人間界と植物界が新たな共進化の段階に入ってゆくために必要な条件を浮きぼりにすべく、人類の経験資源の初歩的な索引づくりを試みたものである。

注1——和歌森太郎『花と日本人』（角川文庫）一七六頁
2——バグワン・ダーシュ『アーユルヴェーダ』（平川出版社）序章

「宇宙樹」目次

第一章　色彩の時間論

植物の時を聴く

スリランカ奥地のとある村に、神がかり的な治療で全島から訪問者を集める名医がいた。といっても、大学で西洋医学を学んだ医者ではない。インド文化圏には、三千年以上の歴史を持つ独自な伝統医学「アーユルヴェーダ」があり、彼はその知の系譜に連なる名医だった。

アーユルヴェーダには、そっと脈に触れて三つの体液の奏でるからだの音楽に耳を傾けるだけで、患者の体質や病歴から現在の内臓疾患の兆候まで聴き分けるような精緻な情報技術がある。そうした病気よりも〝病人〟を観るまなざし、気候や風土、生活全体との関わりで人間を捉える考え方など、現代医学の視点からも新鮮に思える特徴がいくつもある。しかし、そうしたアーユルヴェーダの考え方に馴染んだスリランカの人々にとっても、この名医の技と効果は、いささか桁はずれのものだった。

なにしろ、インド古来の伝統にしたがって「真言」(マントラ)を唱えながら、薬草を調合して患者に処方する——それ以外に、一見して特に変わった治療を施すわけでもない。それなのに、実際に病院で見放されて集まってきた重症患者の多くが、何らかの形で劇的な救済を得て帰ってゆく。骨を折って病院でギブスをはめられてきたような患者でも、病院治療の半分以下の日数で完治してしまうので、診療所の裏には不要になった大量のギブスが山と積まれることになる。

アーユルヴェーダは漢方と同様、どちらかと言えば慢性病や体質改善に効果的で、急性の疾患や外傷には西洋医学の方がと考えられがちだが、どうしてどうして、そんな区別は医療というものの本質を見誤った浅い見方と一蹴されてしまう。

治すのはあくまで医者でなく患者自身と考えれば当然だが、それでもその治癒力を引きだす眼に見えない技に、内科や外科といった分類以前の「医」の原点が顕れていた。

私が訪ねた四月なかばは、スリランカでは一年のうちで最も暑くなる地獄のような季節だった。私はもともと民俗医療への関心からそこにフィールド調査に来ていたのだが、折しもこのところの猛暑と疲労でどうしようもないほどの下痢をしていたので、それを止める薬はないかと、なかば興味本位で尋ねてみた。

しばし私の様子を聴き、私の脈に触れたのちに、返ってきた名医の答えは意外にシンプルだった。「特別な薬は何もいらない。生水のかわりに若いココナッツの果汁と、あまり唐辛子を使わない食事を続ければ、そのうち気候に慣れて自然に治る」。

もとより気候風土の異なる土地での下痢や発熱は、多くの場合〝身体の衣替え〟のような積極的な適応反応だし、私自身「薬を使わず自然に経過させる」「身土不二」といった考え方で病気とつきあってきたので、名医の答えは十分納得のいくものではあった。しかし、一方では旅もままならぬほどの腹の状態に苦労してもいたし、ここで見聞きした治癒の数々が、単に〝自然にまかせる〟という表現で片づけられるはずもない。そこには一体どんな秘密が隠されているのか？

「あなたの治療についての考え方に興味がある」と率直に尋ねると、「特別なことは何もないさ。でも、アーユルヴェーダに興味があるのなら、明日の朝、薬草を採りにいくから一緒についていらっしゃい」と含みのある答えが返ってきた。

いまから思えば、その翌朝のいささか奇妙な体験は、この名医の深奥にある〝医の原点〟を、どんな理論や奇跡的な治療よりも純粋なかたちで教えてくれる、啓示的な出来事だったように思う。

私は同行のA氏からあらかじめ薬草に関する幾ばくかの予備知識は仕入れてあったし、

名医も道すがら、目当ての薬草の効用についていろいろと語ってくれていた。ところが、目的地に着くと、こちらの期待に反して、彼は何も採らなかったのだ。

手ぶらで帰ろうとする名医に、私はおそるおそる尋ねた。しばしの沈黙の後、返ってきた答えは、「今日は日が悪い」といったニュアンスのものだった……。

「この世界のすべてのものには時があり、人間のからだも植物も、季節や一日のうつろいの中でその状態や性質を刻々と変えている。だから、薬草を摘むのにも、それに適した時とそうでない時がある。」

「もちろん我々はその〝時〟をある程度知ってはいる。しかし、知識や経験だけですべてわかる訳ではないから、結局その場その場で植物に尋ねるよりほかはない。尋ねてみて、今日はまだダメだということだったのだ。」

「もちろん無理して摘めば薬草は手にはいる。しかし、それは治療に必要な本当の力を持ったものではないし、いま採れば、その植物をダメにしてしまうこともある。それは、植物に対しても患者に対しても、とても失礼なことだ。」

そういえばアマゾンでも、似たような経験をしたことがある。ペルー・アマゾン上流の密林に棲む先住民インディオの間にいまも残る、高度な幻覚剤の利用技術を調査した時のことだ。

彼らはアヤワスカと呼ばれる幻覚性のツル植物を煎じてとった黒い液体を飲み、そこで生み出される幻覚《ビジョン》を歌や言葉を通じてコントロールすることによって、それを意識開発や病気治療、芸術表現などの創造的な営みに生かしてゆく文化を保持していた。

幻覚剤を服用しない女性たちも、その道にもっとも精通したシャーマンから幻覚でみた不思議な図像や幾何学文様を教わって、それを巨大な酒造りの土器に描きこんだり、手織りの布の装飾パターンに表現したりする伝統をもっていた。

私たちはそこで、シャーマンによる病気治療の儀礼にも幾度か参加して、自分でも幻覚剤を体験する機会まで得たのだった。ところが、夜を徹して行われる何回目かのそうした儀礼が予定されていたある日、必要なアヤワスカが入手できなかったことがあった。

かわりに届いたのは、幻覚性植物をジャングルに採りにいった人々からの、「アヤワスカはまだ採れる状態ではなかった」という報告だった。

薬草医学と占星術

私たちはどんな薬草を使えばどんな病気が治るか？　といった治療効果や薬効成分には注目しても、その薬草を採ってくるプロセス、あるいは薬草が育つ環境全体にまで意識を向けることは少ない。

また、薬草を的確に採るための知識や技術はあっても、「それをどういう時に採り、どういう状況で採ってはならないのか？」といった、いわば〝採らない技術〟に目が向けられることは、きわめて稀だ。

民俗医療や伝統医学が時代遅れの遺物とみなされるにせよ、あるいは過度に神秘化されて珍重されるにせよ、こうした全体性を視野に入れて評価されることは残念ながらほとんどない。

だが、どんな「図」もその「地」から切り離しては存在しえないように、人の生命《いのち》を調律する技の背後には、環境のより大きな生命系と関わってゆく技術思想が息づいている。

薬草を採り、それを的確に使う行為の裏側には、必ず植物の状態や環境全体のバランスを把握し、それを採って使う人間の営みをコントロールする、より上位の〝メタ医学〟とも言うべきものがあるはずなのだ。

そうした植物や環境を扱う手さばきが、患者を扱う治療師の「医」のありようを表現しているとさえ言えるかもしれない。患者の身体や植物の発する微かな聲に耳を傾ける治療者の受信力が、患者と治療者の関係にも人と環境の関わりにも、確かな信頼感を与えてゆく。

アロマテラピー（芳香療法）の権威R・ティスランドが、その著書のなかで個々の植物の薬効精油《エッセンス》の具体的な解説に入るまえに、そうした伝統の知恵を培ってきた先人たちがどのように植物や環境と関わって来たのかを強調するのも、そうした視点からだ。

過去の世紀の薬草専門家たちは、自然を愛し、植物を尊びました。ある意味では、今日の私たち以上に植物がわかっていたのです。こうした人々は、どこに行けば目当ての植物が自然に生えているかだけでなく、どの季節に、また一日のどの時間にそれを摘んだらよいかということも知っていました。さらには、どんな星がその植物を支配しているか、それがその成分にどう影響してくるかということまで知っていたのです。

エッセンス類は、植物のなかにある時はその化学的な構造を絶えず変化させ、また一日の時間により、季節によって、植物体内部でその存在する場所を移します。植物から精油を抽出する場合、一年のうちの決まった時期、一定の気象条件で、また一日のうちの一定の時間を選んでその作業を行なうのは、このためなのです（注1）。

植物のありようが太陽や月のリズム、季節や天体の動きに相関していることは、植物を扱う者にとって不可欠の知識として、近代以前のヨーロッパも含めたユーラシアの伝統医学において普遍的に共有されてきた。「医学」と「占星術」は互いに手をたずさえて発達してきたのであり、現在でもインドやチベットの医者は、常にホロスコープ（星辰図）を睨みながら薬草採集の時期や場所、さらには患者の身体のリズムを洞察する。

こうした相関は、樹木の伐採を生業《なりわい》とする林業家や、大工・建築家にとっても重要なコモンセンスであった。

というのも、堅牢で腐食しにくい材木を手に入れるには樹液の少ない時期に伐採しなければならず、一年を通じての樹液の変化を考慮することが不可欠だったのだが、樹木が水を吸いあげる周期はまさに季節や天体の動きに相関していたからだ。

実際、古代ローマの『ヴィトルヴィウス建築書』において、すでにこうした知識は明記されているし、（第三章でみる）日本の宮大工の口伝でもこの点は強調されている。一部の木材には、現在でもそれが伐採された時の月の位置を示すマークが打たれているという（注2）。天体の位相によって、樹木の商品価値ひいては材木としての第二の人生が変わってくるのなら、人間と同様に、それが生まれた（伐られた）時のホロスコープを薬草や木材が携えているのも、あるいは当然と言えるかもしれない。

植物はつねに星々のうつろいに相関しつつ、大きな環境という全体のなかの部分《ホロン》として振動している。それは世界を映しだす鏡として、その時と場所での天空のポリフォニーを写実し、記憶している。

こうした交響性を具体的なリアリティとして生きるようなワークスタイルが、伝統医学や林業・建築の世界には継承されていた。

とはいえ、人間の感知しうる環界のリズムや占星術の知識だけで、あらゆる時と場所における植物の状態がすべて把握可能なわけではない。あくまで経験に基づく近似値にすぎない人間の理論や法則を過信し、現実の変化や多様性を忘れた時、認識の触媒であるはずの知識はたちまち生きた自然を抑圧する暴力となる。

その意味で、薬草や占星術に関する充分すぎるほどの知識に裏づけられながらも、「それはまだ採れる状態になかった」「いまはその時ではない」と言って手ぶらで帰ろうとしたあのスリランカの名医の大いなる無駄に、私は医と環境のアルスが一体となったその生きざまの本質をみたように感じたのだ。

同じく植物の精《エッセンス》を採集し、人の生に活かすことを生業《なりわい》とする染織家の志村ふくみさんが、「色は植物からいただくのです」と言われるのも、まさにこのことに違いない。「よい時期に採れた植物から、最も無理なくいい状態で色をいただく」「よい時期とかよい状態というものも、毎年毎年くりかえしやってみて、ほんの少しの違いや発見も見逃さず、植物から教えてもらう」、あるいは「まず植物があって次に色があるのであって、植物は単なる〝材料〟ではない」「こちら側に基準があるのでなく、あちら側にある」と——(注3)。

宇宙を身にまとう

薬草を扱う名医の手さばきに共通するものが志村さんの仕事に見られることには、必然的な理由があるように思われる。

そもそも薬草医学と染織というのは一見何の関係もないように見えて、じつは深いレベルでとてもよく似た仕事なのだ。

両者は単に植物を扱い、そこから「薬」や「色」などの植物の精髄をひき出してくるという点で共通しているだけではない。

まず何より「薬」と「色」というもの自体が、本質的に同じものの二つの側面である。自然の植物染料を使って布を染める文化のコンテクストでは、色を身にまとうということは即ち薬を身につけることにほかならない。

たとえばインドやスリランカの僧侶の黄衣——あの目にも鮮やかな黄色は、カレー料理に必須のスパイスであるターメリク（うこん）で染めたもの。
「医食同源」の言葉どおり、カレーに使われる種々のスパイスの多くはそのまま漢方薬にもなるような薬効成分を含んだものだが、なかでもターメリクは、その強い抗菌作用と生理調整機能により衣食住全般にわたって重用される。

つまり、美味しい薬として日常の「食」に活かされるばかりでなく、それで染めた布を「衣」として身にまとい、時には皮膚に直接塗り、さらに疫病がはやる季節などには家の壁などにも塗布して「住」環境を浄化する——このように一つの植物素材が「色」として「薬」として、内側と外側から幾重にも身体気象を調律してゆく媒体として活用されてきたのだ。

むろんターメリクの黄色を塗るという行為には、宗教的な浄化の意味もある。それは微菌を寄せつけないだけでなく「悪」（魔）も退治し、自己を精神的にも高めてくれる。とはいえ、清浄かつ神聖な色として黄色が認識されているのも、経験的に知られてきた「薬」としての医学的効用に裏打ちされたものだろう。

このことは日本の藍染やブルー・ジーンズの染料であるインディゴにも言えることだ。藍を身につけていると虫が来ない、あるいはブルー・ジーンズをはいた西部の開拓者はヘビに嚙まれずに済むといったかたちで認知されたインディゴの不思議な生命力と霊験が、この色彩の深い文化的イメージに反映している。

だから、ある色を身にまとうことは単なる「装飾」にすぎぬものでは決してなかった。衣服や化粧は、外面のデザインよりむしろ内面の調律を志向していた。

それは「生命的」なレベルで身体気象を整え、「象徴的」（霊的）な意味で人を高い次元へといざない、そうして深い文化的な意味作用にしっかりと根をはることによって「社会的」にも自己のアイデンティティを表示する（例えば聖職を表す黄色の僧衣など）——そうした色彩の美意識《エステティックス》における三つの次元が、眼にみえる表層の美の背後に脈々と息づいている。

多くの伝統社会においては、母親みずから藍などの植物染料で染めて、民族の象徴文様を織り込んだ美しい衣を、初潮や結婚の通過儀礼に際して娘に手渡す。こうした色とかたちの文化遺伝子の継承は、まさに薬草の生命力を私たちに伝えてくれる治療師と同様、次なる世代の生を調律し、民族の宇宙的記憶と生命観を伝えながら、新たな世代の社会的な位置を芸術的に表現しようとする営みなのだ。

そして、志村さんも言うように、古代人の色彩は〝薬草に宿る霊能〟を色として取り出したものであるがゆえに、「外敵や病魔から身を守ると同時に、海山、太陽、大地、風雪等すべての自然現象を司る神々の御霊を鎮めた」ものだったのであり、だからこそ「一色ひといろの色のもつ意義は深く、それを尊んだ」（いたずらに各々の色を人間の恣意で混ぜ合わせたりすることをしなかった）のだ（注4）。

もともと「化粧」を意味する〝コスメティック〟という言葉が「宇宙《コスモス》」に由来するように、色を身にまとい、化粧や服飾《コスチューム》によって変身してゆく行為は、文字どおり宇宙の諸存在とコンタクトし、コミュニケートしてゆくプロセスだった。

宇宙的な秩序をわが身に引き写しながら、社会的なアイデンティティをリセットし、時には人間としての限定すらも超えて動物や植物に同一化（変身）するといったように、より大きな次元での自己をデザインする可能性をも秘めた営みだった。

顔に色を塗るのは、美しく見せるためでも素顔を隠すためでもなく、むしろ隠れていた〝自己を超える自己〟〝人格以前の存在そのもの〟を解き放ち、あらわにするような起爆力をもったコスモロジカルな技術だったのだ（このことは歌舞伎や能における「隈取り」や「仮面」の役割を考えてみればよく分かる）。

こうした次元まで含めて、大きな生命調律と人間開発の技術として色や服飾を捉えかえす時、薬草医の営みと染織家の仕事はもとより別物ではない。植物から宇宙的な精髄《スピリット》としての薬効をとり出して処方する「医」の行為と、植物の色やかたちを布に染めて身につけるという芸術的な「衣」の営みが、じつは深いレベルで結びついていたということに気づく。

ちなみに中国の伝統医学にも「握薬」（薬を手に握るだけ）や「服薬」（「衣」のように薬を身につけるだけ）という考え方があって、服飾や身体装飾が本質的に治療《セラピー》的な行為につながっている、という認識を表現している。

アロマテラピー（芳香療法）においても、薬効を発揮するはずの植物の〝化学成分〟の物質的な吸入よりも、その植物との皮膚を通じてのコンタクトによる、もっと精妙な共鳴作用を重視する側面がある。実際、生きた植物から抽出したエッセンスには、それと同じ化学成分の配合でつくった合成香油には見られない超化学的な作用も明らかに存在するようだ（注5）。

〝共鳴作用〟だからこそ、植物の生命力は（薬草の煎液の内服や嗅覚を通じての芳香療法と同様に）振動に対して敏感に反応する手のひらや皮膚を通じての薬草の施術によっても効果が期待できる。そうした生きた植物からの生命的放射は、実際に植物の花や葉を採らなくても、それに手をかざしたり、それが充分に強い場合には——つまり花の成熟期や満月の時など季節や時間帯を的確に選べば――その宇宙的な振動《リズム》が転写された「露」を採るだけでも同じ薬効が得られるとさえ言われる（注6）。

つまり、植物を傷つけることなく、遠隔接触や水という媒質を介して、その植物のコズミックな生命的磁場に感応・共振するかたちで、私たちの生命場は調律される可能性があるということだ。

花を観たり植物に触れたりすることを通じての〝花見的〟フィトセラピー、あるいは花やそれで染めた衣などを身にまとうこと、色を見たり感じたりすることを通じての色彩の治癒力。その重要性は、さまざまな医学伝統において強調されてきたが、それもこうした波動や共振の〝未科学〟がこれから成熟してゆくなかで、神秘でも迷信でもないリアリティとして再評価される道が開けてゆくかもしれない。

薬＝色というかたちで植物の精を身にまとい、そのスピードに感応してゆくことで、人間は自己の日常的なボーダーを越境して、この世界のさまざまな存在に見えないリンクを張り巡らせた宇宙的《コスメティック》な存在となる。

その時、「医」と「衣」――薬草医と染織家の営みの根源的な同一性が、深いレベルで見えてくる。

「医術」と「芸術」、あるいは「癒し」と「創造」という、本来一体であったものの来るべき再統合――。

どちらも、その本質は生命の調律と解発という位相にあり、たとえば民族の文化的記憶を刻印した娘の衣装を母親が数年の歳月をかけて織りあげてゆくように、あるいは彫刻家がまだ見ぬ作品のかたちを模索するように、ある物語性をもった時間の経過のなかで孕《はら》まれ、生成する、眼にみえない可能性を凝視してゆく営みにほかならない。

そして、この生命技術における「時間」への視点が、じつは薬と色のもう一つの接点――薬草医と染織家の仕事がより深いレベルで重なり、共鳴しあう、最も本質的な位相へと私たちを導く。

それは同時に、現象的な心身の治癒というレベルを超えて、もっと包括的な人間の再生、人生の更新にまで至ろうとする、医の技術の最も微妙な側面を垣間みせてくれるものでもある。

途上の色

〝植物が最もよい状態にある時を見極めて色をいただく〟という、志村さんのワークスタイルに透けてみえる生命の時間論――。それは色をいただく場合であれ、薬の生命力をもらう場合であれ共通した、人間と植物のあいだの一期一会の出会いともいうべきものだろう。

だが同時に、その成熟の時、出会いの瞬間が「点」として孤立したものではなく、ある継起的・連続的な変化と循環の相に位置づけられたものであることも忘れるわけにはいかない。たとえば「樹々は冬のあいだも明春のために生命ある色を蓄えている」と志村さんは言う。

桜の色を染めるなら、単純に桜の花びらから色をいただけばよいと思いがちだ。だが、ほんとうの桜色は、花が咲くまえの桜の樹の枝のなかに隠れている。

冬の樹皮の下に、花として昇華される前の凝縮された桜の生命が、染物になってはじめて立ち現れる驚異的な色彩が、ひっそりと息づいている。
自然界のエネルギーがだんだん増えてゆく過程を〝フユ〟、それが張りきった時を〝ハル〟と呼ぶ日本語の文化的感性に暗示されているように、春に花となって爆発する生命力は、冬のあいだに自己をしずかに膨張させ続けているのだ。

そして逆に、花びらから染めた色は不思議なことに新緑を思わせる淡い緑になるという。「色は花として咲く前でなければ此岸にはとどまらない（花として精気は飛び去ってしまう）」、さらに「幹で染めた色が桜色で、花弁で染めた色がうす緑ということは、自然の周期をあらかじめ伝える暗示にとんだ色のように思われます」と志村さんは言う（注7）。

「色」はだから、眼に見えるかたちで顕れた時だけでなく、それ以前にさまざまな生成過程の物語を生きている。まだ色として存在しない潜勢態においてすでに、花としての未来を内包している。

眼に見える色だけが「色」ではない。樹のからだのなかで密かに息をしはじめた時から、花として顕れる（あるいは染物として解き放たれる）その時まで、そのプロセス全体が、生成変化の途上にあるすべての色が、本来かけがえのないものなのだ。

こうした大きな「時間」のうつろいのなかで色をとらえる感覚を、最も凝縮して経験させてくれるのが、醱酵という微生物との対話を通じて〝藍の人生〟をプロデュースする藍染の技法だ。

そこでは生成・変化する植物の時間相、極度に微妙な色彩のグラデーションが、藍甕《あいがめ》という小宇宙のなかで一つの物語として展開される。

「藍を建てることは、子供を育てるのと同じである」という言葉で表現されるその感覚を、志村さんは次のように語る――（注8）。

「甕には一つひとつ藍の一生があって、揺籃期から晩年まで、一朝ごとに微妙に変化してゆきます。朝、甕のふたを開けると、中央に紫暗色の泡の集合した藍の花（あるいは顔）があり、その色艶をみて機嫌のよしあしを知ります。

熾んな藍気を発散させて、純白の糸を一瞬、翠玉色に輝かせ、縹（はなだ）色にかわる青春期から、落ちついた瑠璃紺の壮年期をへて、日ごとに藍分は失われ、洗い流したような水浅黄に染まる頃は、老いた藍の精のようで、その色を〝かめのぞき〟ということも大分後に知りました。かめのぞきといえば、甕にちょっとつけた淡い水色をいうように思いますが、じつは藍の最晩年の色をいうのです。健康に老いて、なお矍鑠《かくしゃく》とした品格を失わぬ老境の色が〝かめのぞき〟なのです。」

そして、この藍の一生として時間的に顕れる色彩のグラデーションは、この自然界の豊かな多様性とうつろいを象徴的に映し出したものでもある。

「藍は甕をくぐらせる度数によって、徐々に深さを増します。その移りゆく濃淡の美しさは、水際の透明な水浅黄から深海の濃紺まで、海と空そのものです。あの蓼藍という植物から、よくぞ人々はこれほどの自然の恵みを引き出したものです。」

小さな甕のなかで、宇宙全体の生成変化が凝縮されて演じられている。

もとより、こうした時間的・物語的な移行のなかに「色」の微細な消息や含意を読みとろうとする姿勢は、藍染の職人芸にとどまらず、日本の自然認識の伝統的なスタイルでもあった。

たとえば、夜明け前の空の色が、時とともにゆっくりと変化してゆく。また、それにつれて海の色も、暗い灰色から次第に豊饒な「青」の半音階へと移行してゆく。自然の時間相のなかに連続的に立ちあらわれる、色彩の微細なグラデーション。そのどの瞬間の色彩もとり逃すまいとして、移りゆくプロセスを執拗に微分し、その言い表しがたい色の消息の一つひとつに名を与えるという困難な営みを、私たちの文化は限りなく深化してきた。

実際、青から緑にいたる微妙な色あいを表現する日本語の豊饒な色名、あるいはむしろあでやかな色彩とは対極の世界に刻まれた〝四十八茶／百鼠〟の色彩階梯（「銀鼠」「時雨鼠」「深川鼠」「利休鼠」……）。これらは自然のひそやかな移行のプロセスの一瞬一瞬を我がものにすることへの、異様なまでの文化的情熱の証《あかし》であるように思える（特に江戸町人の「粋」の文化がこうした単色系のなかの微分感覚を高度に洗練させてきた）。

だが、これらは決して自然界の生成変化のイメージを、人間の象徴体系に還元するためだけの装置ではない。むしろ、移行の各瞬間に立ちあがる微妙な意味の彩《あや》を増幅し、それによって人間の生得的な感覚そのものをもっと精妙な次元に深化させてゆこうとする意志が、この色彩の微分学には潜在しているように思える。

さらに、そうした個々の色彩の生成過程に立ち会うことによって、その各瞬間に次の色へと超え出ていく色自身の内在的「意志《ベクトル》」を読みとろうとする姿勢――これこそが、一つの色の背後につねに「歴史性」や「うつろい」といった、より大きな時間構造の文脈を見ようとする文化的感性を培ってきたようにも思われる。

「われわれ日本人は、色といえばうつり変わるものとする感をつねに持ちつづけていたようだ。しかも色彩の美しさは、そのうつり変わるところにあるとも感じていた」と、戸井田道三氏は書いている（注9）。

色は光の明暗や時間の推移によって変化する。昨日の花の色は今日の花の色ではない。また〝わび／さび〟の感覚にも通ずる、色の変化の歴史性もある。たとえば、古い緋が変色してほとんど橙色に近くなったもの（〝緋ぼけ〟）を真新しい色より愛でる感性――それは「変色した今の色そのものを見ているのではなく、かつて鮮やかだった緋色が時が経つにつれて変色してきたその歴史を見ているのだ」。

そもそも、いかなる色も静止してはいない。赤のうちに緋もあれば橙もあるというだけでなく、それ自体「黄との境目がわからないところが面白いのだ」。

さらに〝いろ〟を「客観的にある物の色彩の認識であるよりは、ひとつの心のうつりゆきとしてとらえる」日本古来の文化的感性に氏は着目する。

花の色は　うつりにけりな　いたづらに
　わが身よにふる　ながめせしまに（小野小町）

ここでは〝いろ〟は「わが身」と「この世」のうつろいに重ね合わされ、それを象徴的に表現する時間的イメージとして体感されている。

病気を治す技術／治さない技術

冬の桜の樹皮に孕まれた色、ゆっくりと生長し老いてゆく藍の人生、空と海の半音階、さびてゆく色の歴史性——。色は時間を糧としてその生を養い、一つの人生のような「物語」を醸しだす。

色をつねに「うつろい」の様相として、一つの生成過程として捉えること。時にはまだ色として存在しない潜勢態において、すでに色としての未来を内包する、その可能性をインキュベート（孵化）してゆくこと。——これこそが色彩の芸術の本質であり、色の生命《いのち》を扱う行為のエコ・エステティックスにほかならない。

こうした〝時の技術者〟という視点で見た時、私たちは再び染織家と薬草医という二つの仕事の、より深いレベルでの共通点に気づく。

つまり、「色」の生成過程を調律する染織家の仕事と、「癒し」（あるいはそれを含めた患者の人生）という旅路をナビゲートしてゆく治療師の営みには、とてもよく似た側面があるのだ。

たとえば、染織家の抽き出す「色」が季節循環のうちに刻まれる植物の時間、あるいは甕のなかの藍の一生における一つの相であるのと同様に、「病い」もつねに時間的・物語的な生成変化の構造をもつ。

いかなる症状も、それだけで孤立してあるものではなく、その一点のうちに家族や人間関係の歪み、患者が生きてきた歴史全体とこれからの人生の可能態までも内包した、一種の〝物語の種子〟にほかならない。

そして、どの色も静止し自己完結した点ではなく、つねに他の色へと移行・超出する「意志」を秘めたものとして存在していたように、患者の症状も、そのなかにどのような未来へのベクトルが潜在しているのか？　それをどのような物語《シナリオ》で達成しようとしているのか？　という内在的意志を聴きとり、引き出すことが重要になる。

患者は自らの過去との関わりで現在を理解し、ありうべき未来との相関において現在を（意味あるものとして）受容しうるような、新たな「物語」を必要としているのだ。なぜいまこの「色」があり、これから自分がどのような色の花となって咲く可能性を持っているのか？――こうした問いに対する答えを患者みずからが紡ぎだしていけるようなシナリオと、その道行きの的確なナビゲーションが治療師の主たる仕事となる。

外的な治療をやみくもに施すより、病いという現象そのもののなかに潜在する自律的な「治癒」への論理と時間構造を見いだしてゆくような技術思想こそ、本来の「医」のエコ・エステティックスなのだ。

染織家と薬草医は、だから植物の精を抽出するという点で共通するだけではない。どちらも「色」と「病い」（癒し）という、一見何の関係もないように見えて実はとてもよく似た時間の産物を相手にしながら、植物と人間をとりまく大きな「物語」へのまなざしを日々研ぎすましている、生命の時間技術者《クロノロジスト》なのだ。

ちょうど危うい子供の生命を育むように藍甕の醗酵過程（少し温度が高くても腐敗し、低ければ硬く閉じてしまう）に寄り添いつつ「色」の生命を解き放ってゆく染織家と同様に、患者の「癒し」と自己実現の困難な道行きを、治療師は慎重な手さばきで演出してゆく。

もとより、多くの病気はその患者にとって、ある程度必然性のあるもの。その人の生きている現在の状況において、それはむしろ必要なものかもしれないし、何かもっと大きな歪みを自律的に治そうとするプロセスの一環として積極的な意味を持つかもしれない。となると、症状はやみくもに取り去るべきものではない（注10）。

「病い」は必ずしも治すべきものではなく、むしろ時と場合によっては逆に症状を促進し、解発してやることすら必要になってくるかもしれない（事実、多くの伝統医学やシャーマニズム等の民俗治療文化においては、こうしたダイナミックな「癒し」の思考がはっきりと見られる）。

実際、治療することによって、もっと酷い結果をその人にもたらすこともあるかもしれない、とアメリカ・インディアンの著名な呪術師であり治療者であるローリング・サンダーは語っている――（注11）。

病気を治すのは簡単だ。だが、本当にその病気を治していいもんか判断すること、これが難しいんだ。なにかの代償として払わなきゃならんのが病気ってことだってある。病気がなくなったお蔭で、そいつはもっと大変な目にあうかもしれないんだ。

こうして、もっと大きな文脈で「癒し」や「医療」というものを構想してゆく可能性がみえてくる。医療は単に病気を治す行為ではなく、その病気を通じて患者が自らの「生」の意味を深めてゆくようなプロセスを支援する、いわば病いのプロデュース技術でなくてはならない。

植物（薬草）に関して〝採る技術〟とそれを蔭で支える〝採らない技術〟が存在したのと同様に、ここでも患者の身体（病い）に関して〝治す技術〟とともに、場合によってはそれを〝治さない技術〟（メタレベルで治すべきかどうかを判断する技術）が必要になってくる。

少なくとも病気を取りさるだけではない、「治療」より上位のレベルの、もっと大きな仕事が治療師にはある——。

そして、植物の時間に寄り添う感性と、発病前—発病—転換—治癒という病気の物語展開のうちにある身体の時間に寄り添う姿勢は、薬草医の仕事のなかでは、文字通り「大きな自然」（環境）に関わるプロセスと「小さな自然」（身体）を診療するプロセスとして統合されている。

あの名医の薬草や森の生態系に対する態度に端的に表れていたような人間と環境の関わ

りあいのスタイルが、そのまま人間の内なる自然を扱うアジアの医療文化の本質を表している。

薬草医は治療のプロセスで、染織家と同じく植物に問いかけ、その生命の時間のなかに分け入ることによって、そこに隠されている素晴らしい力を、「色」と「薬」という双子のスピリットとして解き放ってみせる。だが、薬草医は同時に、その環境に関わるのと同じ作法で患者の身体に問いかけ、染織家が途上の色を凝視するのと同じまなざしで、樹皮の下の「花」のような生成過程としての人間を見つめてゆく。

〝人の身体の聲を聴く〟という技術と〝植物の聲を聴く〟技術の相即――恐らくここに、人間界と植物界の関係をコーディネートする行為としての「フィトセラピー」の本質がある。

注1――ロバート・ティスランド『アロマテラピー　芳香療法の理論と実際』三、九頁
2――テオドール・シュベンク『カオスの自然学』(工作舎)一八四頁
3――志村ふくみ『語りかける花』(人文書院)一五頁、八八頁
4――同書一六三頁
5――ロバート・ティスランド、同書五~六頁ほか

6――ピーター・トンプキンズ、クリストファー・バード『植物の神秘生活』（工作舎）四八二頁

7――志村ふくみ『一色一生』（求龍堂）一二二頁ほか

8――同書二五頁、二六頁

9――戸井田道三『色とつやの日本文化』（筑摩書房）三六頁

10――野口整体の創始者である野口晴哉氏の「風邪は治すべきものではなく、自然に経過させるべきものだ」という発想は、そのあたりの感覚を最も端的に語るものだろう。普段の偏った身体の使い方やストレスが蓄積し、身体の歪みが嵩じてくると、それを自律的に調整すべく、身体は熱を出し、だるくなり、風邪を自ら呼び込もうとする。発熱自体にも高熱―平温以下―平熱という具合に一定の経過順序があり、熱は身体が欲する処にしたがって自律的に上下する。私たちは、そうした身体の自然な「経過」を促す方向で対処すべきである。ちなみに投薬などで経過を人為的に急がせたり中断したりすることは、自己免疫をつくる十分な時間を身体に提供するといった微視生理学的なレベルでの合理性を阻害することにもなる。

　ともあれ、病気の「時」と「経過」を読むこと――すなわち〝いまこの症状はどちらへ向かっているのか？〟〝上向きか下向きか？〟といった身体の内的なベクトルを感じとり

つつ、その個人と病い自身の独自な「論理」のなかで症状の「意味」を判定していくというのは、多くの伝統医学体系に見られる重要な視点である。

11——スタンリー・クリップナー、アルベルト・ヴィロルド『マジカル・ヒーラー』(工作舎)一〇九頁

第二章　宇宙的器官としての樹木

母なる樹

樹は立ち上がった水だ、という表現がある。

夜、実体としての木々が姿を消した真っ暗な樹林で、もし樹々の内部を流れる水だけが蛍光を発して浮き出てきたとしたら、ぼーっと立ち上がった、ゆるやかに踊る水柱の群れが、さぞ美しいことだろう。

私たちの身体もその七〇%が水であり、〝歩く水袋〟のようなものだが、樹木の場合はことさらに水が地面から大きく伸び上がり、手を一杯にひろげて自らを成就するような垂直性の歓びを表現しているように感じられる。

春先などは特に、樹木の太い幹に耳をあててみると、そのなかをゴボゴボと勢いよく地下の水が立ち昇っているさまが手にとるようにわかる。

冬のあいだ凍結による組織破損を防ぐために、ほとんど水を吸い上げていなかった木々が、春になると新たに地下の水脈に呼びかける。枝の先端についた幾多の新芽が、自らの秘めもつ水分からほんの少しずつ小さな水の種子を出しあって、もう一方の先端である根に〝誘い水〟を送る——これが大地と水脈にむけての木々たちの最初の挨拶だ。するとそれに呼応して、このいまできたばかりの「水の道」を大地の血液が毛細管現象でひたひたと昇りはじめる。人知れず地下を水平に伏流していた水が、樹木という生命のかたちを借りて、突然そこらじゅうで嬉しそうに立ち上がる。

そして螺旋《スピン》を描いて舞い踊り、重力に抗して昇華された水の運動が文字通り「花」となってそこらじゅうで咲き乱れ、また甘い樹液となってほとばしり出る。樹木が星の動きや季節のうつろいに呼応して生命のリズムを刻んでいるということが、最もリアルに経験できる瞬間だ。

私たちの日常の知覚チャネルを少しずらしてみれば、樹木は立ち上がる水の歓びの姿に、花は成就する精髄の舞にたちまち変容する。樹が静止した物体に見えるとすれば、それは私たちの生命感覚のレンジが狭すぎるだけなのだ。

早朝、まだ根雪の残る北海道の原野で、白樺林に分け入った時も、ちょうどこんな風に木々が大地と音をたてて「水の交歓」の儀式をかわしている最中だった。

白樺は、毎年この季節になると、みずから吸い上げた新鮮な地下水を身体のなかで熟成させて、ほのかに甘い樹液をだす。楓《かえで》の樹液からメープル・シロップをつくるように、そこから糖を採り出すこともできる。

この樹液をいただく森の旅に案内してくれたアイヌの古老は、森に入る所でいつものように森の神にその恵みをほんの少し頂戴する旨、お伺いを立てた後、気を乱して神様を怒らせるようなことのないように、できるだけ静かに森に分け入った。そして、白樺の木立に向き合うと、すでにあふれんばかりの樹液を手にとる前に、その数滴を森の神にお返し、若干の捧げものと共に謝意を表す儀式を行なう。

からだに滲みわたる樹液の清冽な甘味とともに、アイヌの人々がどのように森とつき合ってきたのかが、どんな言葉にもまして伝わってくる。

アイヌと同様に、北欧の人々もこれを珍重して、北極圏特有の大地から光がほとばしり出てくるような鮮烈な春がやって来ると、決まってこの森の恵みを皆でわかち合う習慣がある。

樹液を「乳」に見立てることによって、それが豊富な樹木は昔から「母なる樹」としてイメージされ崇拝されてきたが、白樺はまさにその典型で、実際に古代ゲルマン語の「白樺」には、母の乳房、あるいは母なる大地を象徴するᛒ（＝ベルコ）というルーン文字があてられていた（注1）。ちなみに、英語の“Birch”（＝白樺）の語源でもあるこの言葉は"Bright"（明るい、輝く）にも通じていて、太陽の輝きとともに月の光も彷彿とさせる美しい銀白色の樹皮のイメージ（実際、白樺は月と太陽の両方のシンボルだった）、そしてそこからほとばしり出る白い乳液の恵みが、生命感覚として一つに結びついていたことがよく分かる。

ゲルマン神話のなかでは、樺の木は雷神トールの神木であり、キリスト教がゲルマン世界に普及する以前の土着信仰をいまに残す「五月祭《メーデー》」の御柱（メイポール）に使われる、北方系「宇宙樹」の典型でもあった。

樺の木を山から伐り出して戸口や広場に立て、男女がそのまわりを踊り、囃したてながら回るこの祭礼は、日本のサクラの「花見」と同様、春の生命力を森から迎えつつ、それをさらに活性化しようとする生命増幅儀礼にほかならない（――その意味では、「花見」の根底にある思考は必ずしも日本独特のものではない。サクラ信仰は地球文化のなかで孤立してはいない）。

ここには単に樹液という即物的な恵みにとどまらない、生命力／生産力のシンボルとしての白樺の宇宙的なイメージが表れている（注2）。

だが、白樺が「母なる樹」と呼ばれることにはもう一つの意味があって、それはこの樹の果たす生態学的な役割に関係があるようだ。

つまり、白樺は樹木の育たない荒れ地にまず繁茂し、枝をひろげ木陰を作って、他の樹木が生育しやすい環境を整えたうえで、自らは下地となって大地に還ってゆく。こうした生態系全体の更新プロセスにおいて、その基礎あるいは母胎を提供するという位置づけが、白樺に「母」というメタ・イメージを賦与する背景となっているのだ。

樹木は生命の水をその身と大地に涵養し、太陽エネルギーを地球生態系に還元する。酸素を生みだし、雲や木陰をつくって地域気象を調律し、樹液や果実で他の生物を養う。そして、自らの身体そのものを「母胎」として提供し、死してなお他を養うという植物的生命の根源的なあり方を、白樺は象徴的に示している。

森の陰画

北国とは対照的に、鬱蒼とした照葉樹林と杉の巨木が入りまじる南の屋久島——。そこで私たちが眼にするのも、実はこうした「母胎」としての樹木のもう一つのあり方だ。

縄文杉などのモニュメンタルな巨樹が話題にのぼり、世界遺産指定でますますそのイメージばかりが先行しがちな屋久島だが、その生態系で真に注目すべきなのは「巨樹」ではない。

　巨樹そのものよりも、むしろ巨樹をめぐる家族関係とでもいうべき生態系の連関、巨樹をとりまく風景全体が、すこぶる面白いと思うのだ。

　たとえば、杉の巨木はたいてい幾種類もの苔や寄生・着生植物を、その身にまるで自らの枝葉のごとく繁茂させているが、そのあまりの多彩さと豊饒さに見とれているうちに、いったいどちらが「主」でどちらが「従」（寄生者）なのか分からなくなってしまう時がある。

　肝心の杉の巨木が、まるで自分はたくさんのきらびやかな帽子や衣服を掛けるためのハンガーにすぎないとでも言うように背景に退き、かわりに諸々の（年代物の杉に比べればほとんど取るに足らないような）小さな植物たちの多彩な踊りが急にいきいきと感じられてくる。

「図」が「地」に反転し、主題《テクスト》であるはずの巨樹が、他の諸々の小さなテクストを活かす文脈《コンテクスト》へと情報論的な転換を遂げる。

　あるいは倒れた巨樹や残された切株からは、またその子供・孫・曾孫の代の樹木が幾層にも折り重なって生えている。どれが現世代の生きた樹木なのかを見分けようとしても無駄だ。そこでは、どれも現世代であると同時に旧世代でもあるという一見あたりまえの重層構造がとんでもない密度で展開しているために、私たちの時間の重力場に大きな歪みを生じさせる。

もちろん、もっと見えやすいかたちとしても、(有名なウィルソン株のように)自らは死してなお、その胎内に豊富な水を湛え、根を張って、周辺の木々の生育を支える安定した地盤を提供しているものもある。

要するに、一体これは「樹」なのか「土」なのか? 大地から生えた生命体なのか、それとも生命を育む大地そのものなのか?――こうした通俗的な二元論が意味をもたなくなるような光景が、屋久島の生態系の特徴なのだ。

一本の樹が、同時により大きな生命に内属する部分でもあるような、樹木がそれを育む「場所」でもありうるようなホロニックな関係性――それが、木を一本一本の「樹」として見てしまう(そしてその倒壊はすなわち個体の死であると誤解してしまう)私たちの実在強迫的なものの見方を融解させる。

たくさんの異なる時間が、複雑に入り組んだ地層のような断面となって凝縮され、オーケストラのように輻輳した音楽を奏でる森にあっては、どの一本、どの個体も本来、自己完結したアイデンティティなどもちえない。樹齢数千年の巨樹も、それ自体が貴重なのでなく、その樹が何かの「子供」であると同時に「母胎」でもあるような、その関係全体《コンテクスト》が財産なのだ。

そしてちょうど「図」と「地」が反転して見えるルビンの壷のように、樹が実体のない中空《うつ》なる母胎に、まわりの幾多の生命を育む巨大なる「虚空」に転じて見えた時、そこには一本一本の樹木を超えた〝メタ樹木〟ともいうべき根源的な生命の空間が立ち現れてくる。

単なる樹木の集合としての「森」ではなく、時間的にも空間的にも生み出すものと生み出されるものが相即的に合一した、「一」が同時に「多」でもありうるような、一つの運動体としての森。木々は、多様な生命がそこから自発してゆく一つのマトリクスとして、自己を世界に貸し与えるかたちで存在している。

おそらく私たちは、こうした動的な関係性の全体を「巨樹」と呼ぶべきなのだ。健康な屋久杉の森とは対照的に、縄文杉がその威容に反して、なかば遺跡化しかけているように弱々しく感じられる（少なくとも私にはそう見えた）とすれば、それはまさにこの「コンテクストとしての巨樹」から切り離されて、それが単体で見せ物として保護されているという点に起因しているのではないだろうか？

一本の樹に孕まれる多声

ところで、樹木がそこから多様な生命が自発する一つの場所であるというのは、実はもっと内的な眼に見えないレベルでもいえるようだ。

たとえば一本の樹は、生物学的に異なる多様な木から成る一つの「社会」のようなものだ、とライアル・ワトソンは言う（注3）。

私たちには一本の樹として個体的に見えるものも、実は枝によって、その部分や場所によって微妙に違う遺伝的変異をもつ。そして、それぞれの個性をもつ複数の変異体が、一応「オーク」とか「ポプラ」といった中心テーマに基づいて寄り集まって、曲がりなりにも一つの音楽《ポリフォニー》を奏でているのが「樹木」というものの真の姿というわけだ。

実際、たとえばある害虫に侵される度合いが同じ種類の木々のあいだで大差ない場合でも、意外なことに一本の木のなかでは枝によって大きな違いがあるという。そして害虫にやられにくい、つまり何らかの防御方法をもっているらしい枝は、その抵抗素因を種子を通じて次世代に伝えてゆくという。

このことは遺伝学的には必ずしも奇妙なことではない。大きな樹になると、その幾多の新芽に約十万個の分裂組織（そこから幹も葉も花も生成する）をもつことになるが、通常の突然変異の割合でいくと、この十万個のうち十個程度は遺伝的に変化する確率になる。ということは、たとえば一本のオークの大樹には、他の枝とは明らかに違う遺伝的特質をもち、外見も行動も異なる枝となるものが十本くらいは生じる可能性があるわけだ。

樹木はそれ自体、本質的に〝多様性の森〟なのである。

そして、こうした遺伝的なモザイクとして一本の樹木を見て初めて、樹木が一斉にその花を咲かせるということの繁殖戦略的な意味も理解できる。

つまり受粉の媒介者である昆虫との関係を考えてみた時、たとえ昆虫が食糧の豊富にある一本の満開の樹のなかだけで時間を過ごし、花粉がその樹のなかでしか移動しなかったとしても、その樹がそれ自体、遺伝的な多様性を孕《はら》んだ「共同体」であるならば、異なる変異体の間での異質な遺伝子の交配が行なわれ、一斉開花がもたらす受粉プロセスは極めて実り豊かなものになる、というわけだ。

結局、樹はそれ自体、一本の樹以上のものとなりうる――。

多元的な生命創発のマトリクス（母胎）であると先に述べた樹木のメタ・コンセプトは、ある樹木とその環境世界との関係において見られるだけでなく、その樹木自身の内的構成を決定するデザイン原理でもあるのだ。

外部の多様性へと自らを開放する「メタ樹木」のコンテクスチュアリティは、実は（一本の樹としての）自己の内部に孕《はら》みもつ多元性に呼応している。

そして、このようなポリフォニックな生命情報を抱え込んだ母胎としての特質が、樹木自体の生存戦略としても確かなアドバンテージをもたらす。つまり、幾多の害虫や環境変化にもかかわらず、樹木が時には数百年、数千年という長い時間を生き抜いていけるのは、内部の多様な「変異体」を生かすことを通じて自分自身が絶えず適応・変化しているからにほかならない。

一本の樹木が、より大きな全体に奉仕する個性的な部分として自らを貸し与えるのと同じように、樹木の各部分（一本一本の枝）もその変異・個性化を通して樹という全体の適応・生存に奉仕する。

だから、一口に樹齢数千年の樹というが、それは決して単純に自己同一的存在が数千年かわることなく生きつづけたという意味ではない。絶えざる自己再編を通じて多様な歴史が織り合わされた複数の「物語」として、それは読まれるべきものなのだ。

さらに、もう一つ「メタ樹木」の概念に不可欠な視点——。それは樹木同士の（あるいは樹木内部での）世代的連鎖と多元化というタテ軸に交差して、いわばヨコ軸として形成される異種（他の生物）との共生―連鎖の問題だ。

文脈《コンテクスト》とは複数の主体《テクスト》が交差する場のあり方であり、樹木の概念をめぐるそうした多様性の増殖プロセスは本来、樹木・植物だけで完結するものではない。実際、上記の例でも、一本の樹木のなかの多元化プロセスは昆虫（＝害虫と受粉媒介の益虫）との関係を通じて展開したものだったし、屋久島生態系での樹木の輪廻／重層も、実際には苔類や菌類や昆虫・微生物といった樹木以外の多様な生物層によって媒介されていることは言うまでもない。

ましてや植物と動物・昆虫の多彩な共生関係、デザイン原理の越境・引用の宝庫たる「擬態《ミメーシス》」——〝木の葉ムシ〟や〝花カマキリ〟、受粉を媒介する蜂のメスの腹に自らを似せてオス蜂を誘うラン等々——を考えれば、「メタ樹木」はじつに多様な異種間の情報交歓《コミュニケーション》のネットワークでなり立っていることがよく分かる。

「メタ樹木」は、樹木そのものの本質的な超個体性とともに、こうした多層的な「縁」の集積によっても支えられている。

樹木はまさに、多様な生命の接線がそこで交差する一つの「場所」なのだ。

「遠」の観得、「縁」の論理

樹木が「個体」として自己完結しえない存在だということを、植物の形態学的な構造から裏づけてみることもできる。

たとえば解剖学者で、ゲーテ流の形態学の継承者でもあった三木成夫氏は、動物と植物の形態形成原理《メタ・デザイン》の特質を「内向性」と「外向性」、あるいは「閉鎖系（自己完結系）」と「開放系」という対比的な概念で説明している（注4）。

まず第一に、生物としての基本的な構造原理を見ると、動物は消化管を内側に囲い込み、世界とのインターフェイスを身体の内部に持つかたちで、「個体」としての自己完結性を高めていった（もっとも、それゆえに内部に取り込んだものをいかに排泄するかという生物学的難題を背負いこむことにもなった）。また、動物においては体液の循環系が、インプット回路では肝臓、アウトプット回路では腎臓という厳重な関所を介して、外界の循環から相対的に遮断・閉鎖されている。

それに対して植物の場合、外界とのインターフェイスである「葉」や「根」は環境世界に完全に開かれていて、植物の身体と世界のあいだに特異的な関所は存在しない。

また、消化器官や摂取対象を体内に囲い込むのでなく、養分と光を摂取する根や葉が外界へと（外向的に）伸びていって、いわば環境に自己を媒介的にさしはさむことによって循環経路を形成してゆく。

つまり構造的には、植物はいわば動物を裏返したようなものなのであり、動物においては内向的にしつらえられている消化管が外側の体表面にむき出しになっている状態というのが、三木氏の提示する端的なイメージだ。

アリストテレス以来、「人間は逆立ちした樹木である」という言い方があって、これは人間において上にある「食」の器官＝口が植物にあっては下（根）にあり、人間の下半身にある「性」の器官（生殖器）が植物では「花」というかたちで上についているという点に着目したものなのだが、三木氏の視点は、これ以上にラディカルな生命の双対性への着眼といえる。

だが、対比はこの点にとどまらない。第二に、発生上の仕組み（個体の形成プロセス）においては、外側へと無限に生長し、拡大と増殖を続けられる「つみ重ね」体制の植物に対し、自己の内側へと細胞分裂・器官分化を続け、はじめからある有限な個体としてのまとまりのなかで成長をデザインしてゆかざるを得ない「はめ込み」体制の動物、という違いに氏は着目する。

実際、植物は環境条件さえ整えば、特に決まったサイズもなく巨大に成長してゆくことができるし（「ハイポニカ農法」によって一万数千個の実をつけたトマトの巨木のような例もある）、また「挿し木／接ぎ木」でも明らかなように、草木の一部から再び全体（根も葉も花もつけた完全な一本の草木）をつみ重ね型で再生して、増殖させることもできる。それに対して、動物は一定のサイズ内で成長を限定され、また（プラナリアや人工的なクローンを除いては）身体の一部から再生・増殖することなどできない――つまり最初から完全に自己完結した「個体」としてしか生存しえない。

こうした点にも「内向性」の動物と「外向性」の植物、あるいは「個体」というまとまりとして環境から相対的に自立して存在することを運命づけられた存在と、つねにより大きな全体のなかの部分として、「関係」のなかで連続的・転生的に自己を展開してゆくことを本性とする植物の鮮やかな対比が見られるのだ。

そして三木氏は、こうした対照性をさらに「近」の感覚＝動物と、「遠」の観得＝植物という対比に収斂させてゆく。

動物は、大海に漕ぎだす小舟のように自己完結的な体制で有益なものを求め、有害なものを避ける——そこで感覚器の窓を通して、（せいぜい半径数十メートルの）等身大のスケールで、周りの環境に関する情報処理＝「近」の感覚を発達させる。

それに対し植物は、動物ほどの即時的な反応系統は持たないが、「外向的」な構造をもち、「開放系」として特に天体の動きや季節・日周変化など大きなスケールの環境変動に呼応する「遠」の観得と、それに基づく生命記憶を発達させることになる。

植物が「栄養—生殖」の生を営むため、大地に深く根をおろし、天に向かってそのからだを伸ばしきった、その姿勢……それは考えてみれば、体軸を地面に垂直に大地を志向する、すなわちこの地球の球心を貫く力線にみごとに対応した姿に他ならない。いいかえれば、地球のもつ「形態極性」にみずからの姿勢を従わせているのである。それだけではない。彼らはその一方において「栄養—生殖」のリズムを、春から夏にかけての成長繁茂と、夏から秋にかけての開花結実の双極相として表現する。萌え出る春、夏草、稔りの秋、そして冬枯れというこの典型的な生活曲線のなかに、我々は地球のもつ「運動極性」と見事に一致した生の姿を見ないでは済まされない。（中略）

こうして植物たちの「生」は、母なる大自然の織りなす色模様のなかに時間的にも空間的にも完全に〝織り込まれている〟ことがうかがわれるであろう（注4、四〇頁）。

そして、こうした幾つかの次元での「外向／内向」「開放／閉鎖」の軸による植物と動物の対照を踏まえて、三木氏は次のような目の覚めるような見解を打ち出す――。

したがって植物に、もし「循環路」と称するものが存在するとすれば、動物のそれが体内で完結する「閉鎖性」の circle であるのに対し、植物のこれは大地と大気と日光―文字通り天地―と組になって初めて成立する、それは「開放性」の route ということになるであろう。この場合、動物の体内循環が心臓の拍動によって推進されるのに対し、植物と天地を連結する環状路線は、まさに太陽を中心に成立するものと見なければならない（同書五〇頁）。……言葉をかえれば、〝植物のからだが自然の一部である〟というよりも、思いきって〝植物が、おのれのからだの一部として自然を保有する〟とすら表現することができる（同書五一頁）。

結局、植物においては、私たちの眼に見える実体としての樹木は、その動的な循環プロセス全体としての真の「樹木」の一部《ホロン》にすぎず、実際には天地・宇宙まで含み込んだ「関係《コンテクスト》」の系全体が樹木なのだ、という見方である。

根源的な生命の場所

天地・宇宙全体が樹木のからだ——。

樹木は宇宙を自らのうちに抱きこんだ、ホロニックな「環」の結節なのだ。

ということは逆にいえば、植物はその身を宇宙の循環経路として貸し与えている、ないしは、ある特別な物質循環のネットワークをもたらす「宇宙的器官」として、樹木は世界に奉仕していると見ることもできるのではないだろうか？

季節がめぐって花が咲くというより、宇宙が〝満開の桜〟や〝紅葉〟といった樹木の姿を借りて自らを表現している。

天体の動きに応じて樹液が昇降するというより、それを含めた「水」の宇宙的な動き、その循環プロセス全体が樹木なのであって、その自己展開を水が演じるプラットフォームとして、樹木は自らのからだを提供している。
樹は宇宙が自己を成就する「場」なのだ。これが個は世界全体としてしか存在しえないという形で述べた、〝メタ樹木〟の核心にほかならない。

こうなると、山桜の色づきを「サ」という宇宙的な力の降り来たる兆し、稲の生命力が増殖する前ぶれとして認識してきた日本人の感覚があらためて、とてもリアルに感じられてくる。植物からの色や薬を、宇宙の生命力を身にまとう（コスメティクス）というかたちで表現するのも、単なる言葉のあやではないことがわかる。

これらは宇宙的器官としての樹木の本性を適格に捉えた文化的認識であり、それが単なる詩的な夢想に思われるとすれば、それは現代の私たちの樹木観もあまりに即物的で単体的なものになり過ぎているからにほかならない。

また、一つのエネルギー（太極）が自己を表現するために「陰」と「陽」の二極へと展開するというタオイズム的世界観も、それが植物の上下（天―地）双方への螺旋運動として感得される時、もはや単なる抽象概念ではない。宇宙まで自己のからだとして編集しつつ、なお地域《ローカル》的な文脈性をもった「メディア」として自己を貸し与える、メタ樹木の存在哲学として、それは浮かび上がってくるだろう。

たとえば新芽の上方へ向かう動き（陰）は、根の下方に向かう動き（陽）と対になり、さらに新芽（陰）は生長して葉（外向的＝陽）を伸ばし、やがて花芽（陰）と次いで花（陽）を、そして果実（陰）を熟させて大地（陽）にふたたび落ちることで循環が完結する。まるで宇宙の自己展開を、自らの繊細なからだで舞ってみせるかのような驚くべきプロセス――。

ゲーテが螺旋運動の根源性に着目しつつ、「原植物」（ウル・プランツェ）の概念で捉えようとしていた〝メタ樹木〟の位相も、ここに呼応してくる。

おそらく「宇宙樹」「世界樹」という普遍的に見られる神話的イメージも、こうした視点で捉えなおすべきなのではないだろうか？

古事記や日本書紀に出てくる〝天の御柱〟から北欧神話のイグドラシル、〝ジャックと豆の木〟の大木、さらに少し敷衍《ふえん》するなら仏教・ヒンドゥー世界のリンガ（男根）や塔（ストゥーパ）の原型イメージとしての「須弥山」まで、同種の類型イメージは世界中から拾うことができる。だが、そこで必ず強調される〝宇宙を覆い、世界を支える大樹〟という観念は、決して実体的・構造的なものではなく、かといって単なる象徴的な夢想として片づけるべきものでもない。

それはむしろ、ここまで述べてきたような、〝あらゆる存在が生成・循環する根源的な場所〟〝個を世界全体へと媒介する回路〟といった、生命論的な「メタ樹木」のコンセプトとして捉えなおすことで初めて、そのイメージの重要性を汲みとることができるのではないだろうか？

その意味で「宇宙樹」は、神話のなかにしか存在しないような何か特別な樹ではない。むしろ樹は、すべて本質的に「宇宙樹」なのだ。

人間にとってはあらゆる樹が、この世界の循環を「花」や「紅葉《もみじ》」や「果実」や「薬」という形にかえて表現してくれる宇宙的《コスメティック》なよりしろなのだ。

天地を覆う巨樹のイメージは、目にみえる実体的な大きさでなく、その不可視の身体としての〝宇宙大の循環経路〟の正当な表現として捉えたい。

宇宙を孕んだホロニックな環としての「メタ樹木」は、リアルな生態としてのみならず、屋久島の森のありように見たように、時間的にも多様な生命記憶が積層した歴史性のモザイクとして存在している。

実は、そうしたコンテクストを鋭敏に観てとる感性、宇宙的な関係の束として植物を扱う姿勢こそ、植物の「時」を観て採取する薬草医や染織家、そして次にみる宮大工や焼畑民のワークスタイルの核心にあるものでもある。

樹木や森林を物的な素材や資源として見るのではなく、個々の樹木のなかに折りたたまれ、編集された地理的な情報や歴史性の「書物」として読みとき、それをあらためて再編集してゆく営みを通じて、人間も樹木や森林に奉仕してゆく。

次章では、そうした相互的な森と人間の関わりが、かくも高度に洗練された形で人類史のなかにあり得たのだということを、もう一度具体的に見てみたい。

注1――渡部昇一『英語の語源』(講談社現代新書)一七九頁

2――メーデー(五月祭)を含めたヨーロッパの古代的な樹木信仰の事例は、神話研究の古典であるフレーザーの『金枝篇』に多数紹介されている。また樺の木をめぐる「宇宙樹」信仰については、特にJ・ブロス『世界樹木神話』第二章を参照。ちなみにブロスは、北方シャーマニズムの伝統において崇拝されてきた樺の木の宇宙樹的な「生産力」「生命力」(乳樹として乳をしたたらせるような神話的イメージ)の源泉を、樹液以上に、その根元に生える特殊な幻覚性キノコ＝ベニテングダケにあるのではないかという興味深い見方を提示している。ベニテングダケは古代インド『リグ・ヴェーダ』にも描かれている幻覚性飲料「ソーマ」の原料と考えられ(ワッソン仮説)、北方ユーラシアのシャーマニズムの伝統のなかで極めて重要な役割を果たしてきたもの。特定の樹木やそれに生える茸との関わりで人間が特別な「意識開発」技術の伝統を培ってきたとすれば、これも〝人間と森の共進化〟という本書の主題に一つの大きな補助線を引くものだ。

3――L・ワトソン『スーパーネイチャーⅡ』（日本教文社）七六頁

4――三木成夫『生命形態学序説』（うぶすな書院）五〇頁

第三章　「工」の思想／森の思想

工芸や人工の〝工〟という字は、もともと二本の横棒で表現された「天」と「地」を結びつける「人」の営みを表していたという。

天地の関わりをコーディネートし、そこに潜在する大きな力を引き出すという、宇宙的なひろがりをもった営み——。人類の文化史のなかで、ものづくりやデザインという行為は、現代の私たちが考えるより、はるかに大きな射程をもつものだったようだ。

「人工」とは本来、「自然」に対立する薄っぺらで二次的なものではない。「創造性」や「オリジナリティ」といった概念も、人間自身の創造力というより、自然のなかに潜在する創発的な契機をいかに発見し、解き放ってゆくか？　宇宙的な力の根源《オリジン》にいかに触れているか？　といった次元で計られるものだった。

たとえば、堂塔の建立・修復に長年携わってきた宮大工・西岡常一氏の口伝を見れば、こうした本来の「工」の技術思想がいまなお生きた伝統として営まれていることがわかる。

木の文化の歴史観

もとより、日本の「木の文化」がいかに樹木という自然の本質を生かしたものであったか、ということを語るエピソードは枚挙にいとまない。

日本の伝統家屋がソフト・テクノロジーとして再評価されているのは、言うまでもなく木や紙や土といった呼吸素材が加湿・吸湿などの自律的な環境調律機能をもっていたからだ。木造の船や風呂桶も、木目の吸湿・膨張作用による緊縮効果を活かす形で造られていた。それらは濡れると張り合わされた材の表面の木目どうしが膨張して互いに噛み合い、全体に緊縮して水をもらさない動的なメカニズムをもつ。また箪笥や収納箱に桐が重用されたのも、抗菌・防虫効果以外に、湿度の高い環境下では木が締まり、防水・調湿効果が特に高まるという特性が認識されていたからだ。

木という生命素材のもつ特性や潜在力を活用することで、幾世代にもわたって使えるような、本質的な意味で合理的な「デザイン」が可能になる。さらに、そうした思考の極致において、たとえば〝世界最古の木造建築〟法隆寺に代表されるような、何百年何千年も生きた建造物としてもたせる驚異的な「耐用性」（そして結果としての「省資源性」）を達成してきた。

いや、〝何百年もつ〟といった表現すら、その核心を表現するにはまだ消極的だろう。それはむしろ〝使うほどに物が育つ〟あるいは〝時が経つほどに安定し強くなる〟ようなかたちで、その素材のもつ生命力を凝縮し活性化しようとする、もっとポジティヴな技術思想だ。

道具と使い手、あるいはその建物と環境との相互作用が、年月を経てその両者のポテンシャルをますます解き放ってゆくような仕掛けが、そこには秘められている。

実際、千四百年の歴史をもつ法隆寺を改修時に解体してみると、その用材はいまだに若々しい生気と自律的な強度を保ち、瓦や屋根の重みを取り去ると、まるで生きているかのように、それを支えていた材がはね上がってくるほどだという。

宮大工の世界では〝樹齢千年の樹は建物に使って千年以上もつ〟のが本当だと言われ、実際に建造や修復に入る前には「樹々のいのちがこの建物に新たに芽生え育って、第二の人生でこれまで以上に生きつづけるように」と祈願するという。飛鳥時代の建立物は、事実その樹齢以上の歳月を生きてきており、物によってはその堅牢度と安定性をますます強めているのだ。

たとえば「能管」なども、百年千年の時間のなかで幾世代にもわたって使われ続けて、ようやくピークを迎える(――ある能楽師は「私の笛は四百年ぐらい昔のもので、あと六百年ぐらいで一番良い状態になる。だから、私は何百年か後の人のためにいまこうして吹いているのです」と語っていた)。有名なストラディヴァリウスのバイオリンも三、四百年で次第にその真価を発揮する。

生きて呼吸している素材を活用したものづくりにおいては、創り手にとっての完成時は、決して「もの」が自らを成就する時ではない。石の文化の物理的な永続性とは別の次元での、木の文化固有の大きな時間感覚、人間と樹木の相互活性的《シナジエティック》な歴史観をここに見ることができる。

とはいえ、長い耐用年数も、買った時がピークの現代製品とは対照的な使用過程での成長も、あくまで木を生きたものとして文字通り活用する手技の結果にすぎない。

日本の宮大工の木造建築にしても、独特の〝木をみる眼〟と世界でも特異な〝木組み〟の技術思想が、堅牢な石やコンクリートの建築でも及びもつかないような長い建物の生命《いのち》と安定性をもたらしている。

その背景には、木そのものに対する知識や技術だけでなく、木の育った環境全体へのまなざし、そして木の育った時間と建物が使われる時間を視野に入れたホロニックな思考が存在している。

情報工学としての「木組み」

「堂塔の木組みは寸法で組まずに木のクセで組む」「木のクセを見抜いて、それを適材適所に使うこと」——これこそ宮大工の棟梁の仕事であると西岡氏は語る（以下の西岡氏の言葉は、その著書A『木に学べ』、B『法隆寺を支えた木』より引用。注1）。

「木にはクセがありますのや。…この木は右に寄る、これは左に寄るというふうに。その木のクセを見抜いて、右に寄るものは寄らせないように、左に曲がるのはそうならないように、うまく抱き合わせて組み上げていかなあきませんのや」。（A84頁）

「木を殺さず、木のクセや性質を活かして、それをうまく組み合わせて初めて長生きするんです。（中略）わたしどもは木のクセのことを、木のこころやと言うとります」。（A13頁）

「学者が法隆寺の研究に来て、斗《ます》がいくつだとか数えて、寸法計っていきますけど、全部違うんでっせ。こういうものは、それ一個とりだしても、全体やつながりを見ないとわかりません」。（A77頁）

私たちが木を組むことを考える時、そこで組まれる個々の木材の「個性」や「意志」まで考慮することは思いもよらない。ところが、宮大工の仕事の最も重要な部分は、一つひとつの木材の固さや歪みや曲がろうとする性質を読みとり、それに応じて使い方を決めてゆく、この対話的なプロセスだというのだ。

これは多様な楽器から成るオーケストラ向けに、一つの交響楽を創造するような作業に似ているかもしれない。全体の主題に基づいて、個々の楽器や奏者の個性を生かしながら壮大なシンフォニーを構成してゆくためには、多様な音色と倍音構成をもった音同士を絶妙なシナジー（相乗効果）で組み合わせるような「和声」と「対位法」がなければならない。

宮大工の技術の体系には、意図的に対立する木のクセを組み合わせて力の和声的な均衡や相互強化を図ったり、ある特定の「終止形」で力を分散しながら全体を安定化したり、ファジーな音の揺らぎを孕んだ柔構造で全体を調律したり、といった精妙な「木組み」の技法があるようだ。


「法隆寺の塔は、各階ごとに少しずつ垂木の割りに差があって歪んだ感じを受ける所があります。これは垂木割りの寸法を間違えたのではなく、右曲りと左曲り、垂れと反りをうまく組み合わせて相殺しているのです。

丸太を割って板にすると反りますが、膨らんで腹を出す感じになるのは芯に近い方の側です。樹皮に近い側はへこんでいます。これをよく呑み込んで裏表をうまく組み合わせることも大切です。

垂木の場合は屋根の荷重で垂れ下がってきますから、それを防ぐために木口の芯側が下になるように置きます。芯もちの垂木は芯を外側にして反り曲がるので、荷重による沈下と置きかたによって相殺させるわけです」。(B63頁)

「いまの建物は一本の長い柱で一階から二階まで繋がっとりますな。それが、（飛鳥の）金堂や塔、中門では一階と二階では内側のほうにズレてます。一階と二階では、少しだけですが軒反りや屋根垂みも差があって、堂の安定感に微妙な影響を与えています。

こうした構造が地震などに強いんですな。一階が右に揺れると、二階にそのまま伝えるのでなく、逆方向に行くんです。それで大きな揺れを吸収してしまう。いわゆる〝柔構造〟ですな。（中略）十分にそういうことが計算されて今まで千三百五十年も持てますのや」。（A74頁）

樹木の環境地理学

「寸法」以前に木の「クセ」がある。人間があてはめる「構造」以前に、個々の材の「意志」がある。「物」としての木以前に、そこに刻印された時間／空間的な「物語」がある。

とはいえ、まずこのクセの見方からして、材や木目をつぶさに観察すればよいというほど単純なものではない。個々の木のクセを本当に見抜くには、切り倒されて材木になってからでは遅い――山に生えている状態を観察し、日当たり、風向き、樹の疎密、土壌、地下水の深さなど、その木を育んだ環境全体をコンテクスチュアルに把握せねばならない。

「立っている木を見ないことには、木のねじれの性質がわからんのや。その土地ごとに風の吹く方向が違っているし、その風によって木のねじれの性質が出てくるし、立ってるのが南斜面か北かによっても違ってくる」。（A200頁）

「木のクセは、まずねじれと反りです。同じ種類の木でも山の頂上、中腹、谷、斜面の角度、北および西側、南および東側、、風当たりの強弱、植生の疎密などで、反りや硬さ、柔らかさはもとより、材質はさまざまです。（中略）力のかかる所や軸部材には、ひねくれ、ねじれて節のある木を持ってきます。そういう木は山の頂上の南か東側の、強い風あたりの所に生えたものです。北や西側、谷筋に育った木は、素直でおとなしく柔らかいです。だから、力も弱く長持ちしません」。（B61頁）

「一本の木には〝日面《ひおもて》〟と〝日裏《ひうら》〟があります。日面は立木の樹心から南半分のことで、生き節が多く、木目は荒く強い感じになっています。日裏は日陰の部分で、生き節が少なく、木目の通りは良いけれど木に力がない。……一本の木をそのまま柱に使うときは、日面が南面するように建てます。（中略）こうすると節が多くて見栄えの悪い柱が正面にくるのですが、見栄えよりも、その木の最も自然な状態、つまり自然のなかで育った環境に逆らわずに使うのが、その木の寿命を全うさせるうえで大事なことですし、建物を長持ちさせることにもなるからです」。（B64頁）

「木を買わずに山を買え」「一つの山の木で一つの伽藍を建てる」といった口伝の意味も、こうした文脈ではじめて理解することができる。

それは個々の木材のクセの活用を超えた、その木をめぐる環境全体の解読と活用であり、クセという部分情報に織り込まれた全体情報の編集である。

もちろん、木が山に育っているところを見て、その環境や歴史を読みとらねば木の性格は分からないという意味でも、「山ごと買う」のが望ましいのは言うまでもない。だが、単品なら山で木を観れば十分であって、何も山ごと買う必要はない。

単品でなく、一つの伽藍を建てるのに使うすべての材を、それぞれの特性がうまく調和し、組み合うように揃えることを想定してはじめて、山全体を買い、一つの山の木で伽藍全体を建てることの合理性が見えてくる。

「建物には陽のよく当たる所と当たらない所、湿気の多い所と少ない所、風当たりの強い所と弱い所、重みの多くかかる所とそうでない所というように、さまざまな条件や動きがあります（また、それぞれの条件に合わせて、それに合う材とそうでない材があるわけです）。
　これらの条件や動きに応じて木を一本一本探し歩いていたのでは、必要な木を揃えるだけで何年もかかってしまうでしょう。建物の条件と動きを、木の生えている山の状態に当てはめて、その山全体で必要な木を揃えようというのが、この口伝の教えなのです」。（B55～56頁）

結局、伽藍を建てるという宮大工の仕事は、単に山から材木をとってきて建物に使うといった即物的な行為ではないのだ。

それは、一つの山という生態系の全体――その陰／陽、風上／風下、上／下、末／本などの偏差の複合体としての環境情報系をトータルに解読して、それを伽藍というもうひとつの人工の生態系に転写する情報技術にほかならない。

そこで職人が扱うのは、木材という「モノ」ではなく、ある材がどの木のなかでどういう位置を占めていたか？　その木がどの山でどういうコンテクストのなかで育ち、宇宙の諸要素（風、太陽、月、水、他の木）とどういう関わりを持っていたか？　といった「関係」である。

大事なのは物質としての木材ではなく、一つの木材がその身に刻印している歴史であり、それが奏でる潜在的なハーモニーを抽出することなのだ。

各々の材の個性的な倍音のうえに、微かに聴こえる山全体の主題を再構成してゆくような、こうしたトータルな情報の翻訳作業を通じてのみ、木の生きてきた歴史を超えて、千年にわたり新たなシンフォニーを奏でるような伽藍が建立される。

木の加工・組立てでなく、宇宙的な文脈の解読と再編集《コーディネーション》。一本一本の柱に経文を刻み、まるで「仏像」を彫るかのように仏塔を組み上げてゆくその行為は、まさに一つの〝生命《いのち》系のうつしかえ〟のプロセスであり、それ自体が宇宙を荘厳する祈りの行為と言うべきだろう。仏の「器」を造るといった外的な営みでなく、それ自体仏教的な「行」として、宮大工の技はあるように感じられてならない。

「時間」の経済

もとより、ここで提示されているデザイン論は、「美」や「合理性」の問題よりも極めて本質的な問いを突きつける。たとえば――

「(回廊の)連子格子も……よく見ると飛鳥時代のものと、その後の修理のものとでは、はっきり差があります。……後の時代のは、規格品としてすべて同じサイズで、まっすぐにしてあります。創建当時の格子の木は、まず、全部違います。太いのもあれば細いのもある。四角のものも菱形もありますし、一本一本が違った性質なんやから、同じ形にしたら無理が出ますわ。(中略)飛鳥の建築は、外の形にとらわれずに、木そのものの命をどう有効に活かして使うかということが考えられてるんですな。(A78～79頁)

「たとえば、こういう風に曲がった木は、外に出てる部分を真っ直ぐにするために、尻をギュッと振って真っ直ぐになるようにしてある。尻のほうを曲げてるんですな。今の大工はそういうことはしません。曲がった木を削って、真っ直ぐに見せるだけですわ。その時は真っ直ぐに見えますけど、何年も経たんうちに曲がるクセの木なんやから、曲がってしまいますな。そんなんで塔造ってごらんなさい。一階の隅木は右に、二階は左にというふうに、あっちゃこっちゃになってしまいまっせ」。（A84頁）

結局、これは美意識や木を観る眼の違いである以上に、「時間意識」の違いでもあるだろう。

つまり、どの時点で、どういうタイムスパンで自分の仕事をはかるのかという問題だ。「いま」の生がひとの存在のすべてとなり、すべての仕事が「いま」の美に従属してしまった時、木のクセのなかに内在する見えない時間と、それが歴史のなかで成就してゆくべき大きな「美」の可能性を観てとる感覚は失われてゆく。

そして、何よりも千年という「人工の時間」は、常にその裏で同じく千年スパンで進行する「自然の時間」と相即的に連関していることを忘れてはならない。

「今の大工は耐用年数のことなんか考えない。今さえよければええんや。わたしらは千年先を考えてます」。(A19頁)「柱になる木一本育てるのに、最低六十年はかかるんや。…それをね、今の木造建築でやったら二十五年ぐらいでダメになる。…ちゃんと作れば二百年はもつんです」。(A64頁)

そうなれば、そのあいだに新たな新たな木を育てることもできる。

ここには人間の活動と切り離された「自然保護」の思考ではなく、人間の経済的な営みの一環として組み込まれた生態系の再生と更新の構想が、失われゆく可能性として表明されている。

あるいは逆に、「エコロジー」の長いタイムスパンのなかに適合的に組み込まれた「エコノミー」の希求と言ってもいい。

伐られた木は、建築としての第二の人生で、同じ千年という時間を生きてゆくことができるが、その一方で、木を伐られた山の生態系の側は、新たな木を育み再生してゆくために、同じ時間を必要とするのだ。

「工」の本質が、〝天と地を結ぶ人の営み〟といった宇宙的な関係調律《コーディネーション》の営みである、という冒頭のテーマが決して大袈裟な表現ではないことは、もはや明らかだろう。

宮大工の技術思想は、個々の部材のなかに大きな地理的／歴史的コンテクストを読み解き、その関係全体を建築構造に写像する、という意味でも宇宙的なコーディネーションと言えようが、さらにその空間的な編集は、時間的な経済《エコノミー》と環境《エコロジー》の循環デザインに直結しているのだ。

また、技術の合理性を計る「時間」の尺度は、さらにそれを計る主体の問題——つまり、誰がどういうコンテクストで人為の合理性を計るのか？　という問いに、そのまま接続してくる。

あるデザインの善し悪しを計る（権利を持つ）のは現代の私たちなのか、それとも未来の世代なのか？　環境をデザインする大工や建築家は、現在の施主に対して仕事をするのか、それともその環境を享受する〝未来の主体〟にも責任を負うのか？——そういった大きな時間のランドスケープのなかでの人為の尺度が問われているのだ。

この問題は、木造建築技術のみならず、たとえば超世代的な社会環境資本としての水田や里山をどう考えるか？——現世代の経済合理性で「負」の価値を持つものも、数世代の

（百年／千年の）尺度でみた場合、はるかに大きな経済合理性をもつのではないか？——といった問題に接続してゆく。

〝環境倫理〟といった言葉を持ち出すまでもなく、そもそも「経済」とはそうした環境の物質循環までホロニックに包含した、そして超世代的な持続可能性を前提とした、大きな「人為」の表現だったのではないか？

そこで次に、同じアジアの伝統文化の事例として、焼畑民の「森の経済」を参照してみたい。

焼畑民の宇宙誌

雨期の近づく六月なかば、河と密林の国サラワク（ボルネオ島マレーシア領）の焼畑民イバン族の村々では、「ガワイ・ダヤク」の祝祭を終えて、また新しい一年の始まりを迎えようとしていた。

つい半世紀ほど前まで最強の首狩り族として恐れられ、老いも若きも身体じゅうに藍色の刺青を凝らした彼らも、現在は伝統的な焼畑の暮らしと貨幣経済（商業的森林伐採での労働や都市への出稼ぎ）の狭間でさまざまな社会的軋轢を経験している。

とはいえ、この祝祭の間だけは、あちこちに散らばった親類縁者や出稼ぎのいる者も郷里の村に参集し、かつて長老たちが狩った首の髑髏が黒く煤けたまま天井からぶら下がっている共同長屋《ロングハウス》の空間で、伝統的な歌と踊りとドブロクの嘔吐競争に明け暮れる。そして、川沿いの村の祭りをはしごしながら、民族のアイデンティティと親族の信頼を確認しあい、独身者は結婚相手を物色して、祭りの終わりとともに、それぞれの住処へとまた散らばっていった。

しかし、村に暮らし、伝統的な焼畑を生業とする人々にとっては、これは同時に季節の循環にしたがって稲を育て、土地の神と対話してゆく時間の始まりでもある。これから一月ほどかけてそれぞれ今年の焼畑予定地を伐採し、少しのあいだ土地を寝かせて乾燥してから「火入れ」を開始する。どこの土地を開墾してよいかについての〝土地神へのお伺い〟も卜占をして済ませてある。男たちは連日徹夜の祭りの疲れもまったく見せずに、翌朝から早速山に入った。

私が居候していた友人の世帯の開墾地は、川沿いのロングハウスの対岸の切り立った山の向こう側の斜面にあった。早朝のまだ暗いうちから伐採作業にでかける友人とともに、急な尾根道を登り、陽が落ちるまで終日、焼畑予定地の開墾を手伝う。

多くは原生林でなく、親や先祖が一度開墾した跡に再生した二次林であるにもかかわらず、すでに多様な植物が密生して絡まりあった立派な森となっている。そのうえ開墾地の森は、それほど急斜面ではないにしても、ほとんどが谷あいの傾斜地であり、そんな場所で一本一本伐採を進めてゆくのは極めて重労働だ。

しばらくして村の多くが伐採を終えると、あたり一面の山間から開墾地を焼く煙がいっせいに立ち昇りはじめた。時にそれらは互いに絡まりあい、龍のように渦巻き、たなびいて、墨のかすれをともなった山水画のような景観を呈する。その風景は、ボルネオ焼畑民のみならず東南アジアの多くの農耕文化のあいだで共有された一つの宇宙観をそのまま描きだすかのようだ。

それによれば、人が死ぬとその霊魂は天に昇り、一定の時が経つと雨となって再び地上に戻る。そのとき魂は稲穂に宿り、そして最後にそれを食する人々の肉体に還る。そこでは、開墾・焼畑から稲の成熟・収穫にいたる一年の時間的サイクルが、もっと大きな魂の輪廻のサイクルに重ね合わされている。

「稲」を殊更に神聖視するアジアの人々には、このような宇宙の循環サイクルへのリアルな感覚が存在する。実際、収穫した稲を扱う人々の仕草や作法にも、大切な人に接する態度を思わせるような奥ゆかしさと思いやりが感じられる。稲を保存する場所も、先祖の魂が居する場だから、決してその前で騒いだりはしない。それはまさに、文化の「ヒューマンウェア」(対人技術)というべきものだ。

ここでは生産と消費は相反するものではなく、本質的なレベルで結びあわされた二つの相にすぎない。なぜなら、〝稲が育つ〟のも〝人が稲を食べて育つ〟のも、ともに祖霊が入り込むサイクリックなプロセスの一環なのだから。

こうして焼畑民の宇宙観においては、人間と環境世界は霊的な絆で結ばれ、とりわけ稲という象徴的な作物を介して、生命がひとつらなりの輪をなした世界像を形成している。このような共生感覚は、先祖・同胞としての稲への作法のみならず、環境に働きかけるさまざまな行為や技術にあまねく反映されている。

残念なことに、近年の地球環境危機に対する関心の高まりのなかで、「焼畑」は熱帯林破壊の元凶の一つと見なされ、それを生業とする諸民族も環境のバランスを考えない利己的な人々として不当に悪者扱いされてきた。だが、実際に環境破壊につながるのは、都市から流出する大量の〝にわか焼畑民〟による土地消費型の過剰開墾であり、伝統的な焼畑民のそれではない。

そして、東南アジアや南米アマゾンでの伝統的な焼畑に関する研究が進むなかで、その営みは実は熱帯林の破壊であるどころか、むしろその生態系の維持・再生をともなった合理的な生産活動であり、熱帯林の特性に最もうまく適合した真にエコロジカルなシステムであることも明らかになってきた。

それは無秩序で無制限な森林資源の搾取でもなければ、ただナイーブに森に暮らし、森の恵みやその再生能力に一方的に依存した生き方でもない。むしろ熱帯林の最大の特徴である「多様性」と「循環」のプロセスを知悉し、人間がそれに依存しつつそれに貢献するかたちで、自然生態系の更新プロセスを促すような「人為」にほかならないことが、次第に明らかになってきたのだ。

森に依存しつつ森に奉仕する生き方

たとえば森林を「焼く」ことは、単に耕地を切り開くためばかりでなく、土壌の点から見ても、熱帯地方で多い紅土《ラテライト》のような土壌の酸性化を大幅に減少させ、またカリウムを蓄積することによって、土壌そのものの肥沃化と改善に貢献するものであった。特に熱帯雨林地域では、大部分の栄養素は生長の早い樹木に蓄積されていて、薄い表土には養分がほとんどなくなっているのが特徴なのだが、焼畑は植物を燃やして、その栄養分を灰のかたちで土中に還元することにより、森を豊かな表土に変換してゆく手段となっているのだ(注2)。

しかも、局所的には森林を破壊するように見えるこのプロセス自体が、実は長いタイムスパンで見ると生態系の変化と更新のプロセスを押し進め、生物相の多様性を増大させる形で、結果的に森に貢献している。

というのも、開かれた焼畑跡地は、通常の密生林では発芽しにくい植物(特に人間や野生動物の食料となる果樹など)にとって好都合な環境だ。いわば過密社会では淘汰されてしまうような樹種が、空っぽの更地ができることで新たに繁茂するチャンスを与えられるわけだ。それが、全体としての植物相の多様化と、それに依存する動物相の維持につながる。

森はつねに動いていないと死んでしまう。密生したジャングルは一見健康に見えるが、実はある段階を超えると逆に生物相の多様性が限定されてくる。そこに風穴をあけ、多様性の再生を図るのが、こうした部分的な森の「死」なのだ。

近年の森林生態学では、山火事などもあまり広範囲の延焼にならない限り、〝森が風呂に入るような〟生態更新のポジティヴなプロセスとして容認されるようになってきているが、焼畑もそれと同様の効果を森林にもたらすわけだ。

植物相・動物相が局地的に絶えず変化することで初めて全体としての健康な多様性の更新が行われる、生きた「運動体」としての熱帯林にあって、人間の活動自体がそのプロセスの一部となっているのが焼畑だと言える（注3）。

また、そもそも焼畑民はつねに焼畑跡地の森林の再生に留意しつつ、それを促進する方策を駆使している。

まず、伝統的な土地利用のシステムでは、一か所の開墾地に二、三年続けて連作することはほとんどなく、つねに森林の再生のリズムを考慮しつつ分散した土地を循環使用してゆくので、森林が再生不能なまでに破壊されることもない。

同じ土地を数年経ってから再び開墾する場合でも、焼畑民は森林の再生度に関する明確な基準やそれを判断する眼を持っており、休耕期間や土地循環のシステムを社会的に規範化していた。

たとえばボルネオ焼畑民の場合、跡地の植生が細い木々と下草で藪のようになった状態、次に木が成長して樹冠が閉じ草類が少なくなった段階、そして樹木の幹が太股の太さにまでなった段階といったように、森の再生状況をそれぞれ別の名称で区別し、最後の段階にまで森林が回復するまで待って再利用していた。個々の場所（土質）によって森林の回復力が異なること、また栄養分がほとんど樹木に蓄積されること等を考えると、確かに（杓子定規な「年数」ではなく）現実の目に見える植生の再生度によって休閑期を制御するというのは合理的なやり方だろう（注4）。

さらに、具体的な開墾の段階でも、焼畑民は森林が再生しやすいような特殊な伐採のやり方を経験的に発見し、さまざまなかたちで実践していた。

たとえばイバン族は、土壌の過度の浸食を防ぐため、特に急な斜面などでは「皆伐」をせず、わざと不完全な開墾をする。土壌の状態やまわりの森林の植生に応じて、特定の樹種やある程度大きな木は残しておく。すると、その木をめがけて鳥がやってきて、そこにいろいろな果樹の種子を含んだ糞をする。

完全に裸地化して乾燥した場所では植物の種子は発芽しにくく、また止まる木がないと種を運ぶ野鳥や動物も来ないので森林再生が遅れる。伝統的な焼畑民は、このようにあえていい加減な伐採をすることで、森が再生しやすい条件をつくりだしているのだ（注5）。

ここでも、樹を伐って生活する森の民の技術は、創造的に樹を伐らないで残す技術に、見えないところで支えられている。

森林を開墾し、その資源を活用する行為の背景には、このように長いタイムスパンでその再生と更新のプロセスをデザインする的確な方法論が存在しているのだ。

高度な「森の調律」システムにより土壌劣化は抑えられ、森林は自然の生態更新以上の速度で実際に循環・再生する（実際、通常二十〜二十五年くらいで再生するといわれる熱帯林が、焼畑民の伐採地では十五〜二十年未満で再生しているという報告もある：注6）。しかも、生産効率の高さと二次林伐採の容易さゆえに、新たな原生林の破壊は最小限に抑えられる。

自分の子孫も同じ森を開墾しつつ生きていくとなれば、森の再生は必然的に、自分自身の抜きさしならない問題としてつねに意識せざるを得ない。

人工自然の文明論

少なくとも数百年スパンで、安定的に豊かな多様性の森を循環・更新させてきた焼畑民の森林経済学。それを支える、生きた運動体としての森のリズムに同調してゆくような、熱帯雨林的な生の技術《ライフスタイル》――。

だが、ここにはもう一つ、学ぶべき大きな教訓がある。それは、手つかずの自然の代名詞のような熱帯のジャングルですら、天から与えられたまったくの「自然」でなく、しばしば人為が加わった一種の「人工自然」であるということだ。

実際、ボルネオの熱帯林の相当部分は、天然のジャングルと区別がつかないほどに再生した焼畑後の二次林であり、ある意味で「人為」と「自然」の合作なのだ。

もとより、こうした人為は自然に溶け込んで見えない。だから熱帯林と同様、たとえば日本の自然に関しても、私たちは安易に「日本は自然に恵まれて水が豊かだ」などと語って、自己の文化と歴史への無知をさらけ出す。

実際には、日本の自然は決して天から与えられた所与の自然ではなく、人間と自然の長年にわたる協働作業の成果にほかならない。

日本の川の多くは、歴史的に分流や灌漑を通じて調律されてきた「人工自然」であり、遍在する水田とあいまって精緻な治水・利水システムとしてデザインされてきた。だからこそ、いま私たちは〝水が豊かな国〟などと言えるわけだが、洪水と渇水を繰り返すもともとの急峻な国土は、〃雨が多い国〃ではあっても決して水が豊かな国ではなかった。そうした調律された水環境がなければ、〃うさぎ追いしかの山〜〃と歌われる自然（＝実際には水田／里山の高度な人工自然）も、あたりまえの風景として存在しうるはずはなかったのだ。

宮大工の仕事のような極めて精巧な人工物のなかに、自然に対立する薄っぺらな人工ではない、天と地を結ぶ「工」の営みを発見するまなざしを、いま私たちは回復しなくてはならない。

だが同時に、一見そこに何の人為の介在も見出せない「自然」のなかにも、見えない「工」＝天地をコーディネートする人の営みを観てとる文化的感性が必要なのだ。

そうした視点を通じて初めて、地球に遍在する多様な経験資源の森を、（外的な自然保護でなく）その生きた人間や文化との関わりをともなったかたちで次代に継承していけるだろう。

多くの森が手つかずの自然でなく、人為との共生の森であるならば、人が入れないようにするかたちでの〃自然保護〃は言うまでもなく本末転倒である。すばらしい森が「世界遺産」に認定されるとしたら、そこに生きる人と文化も、その不可欠の要素として含まれたかたちでなくてはならない。

その森をその人々がどう捉え、それとどのようにしてつきあってきたのか？――そうした眼にみえない人為＝文化としての森の経験資源《ソフトウェア》をこそ、真の世界遺産として観る眼が必要だ。

それはまた、環境全体の物質循環をトータルに視野に入れた超世代的な社会経済資本（焼畑や水田や里山というプロトタイプに見るような）をリデザインして、人間界と植物界の共生進化を可能にするような大きな「経済」を構築するための第一歩にほかならない。

注1――西岡常一『木に学べ――法隆寺・薬師寺の美』（小学館）、西岡常・小原二郎『法隆寺を支えた木』（NHKブックス）

2――イブリン・ホン『サラワクの先住民――消えてゆく森に生きる』（法政大学出版会）三五頁

3――神崎牧子「アマゾン開発史」『現代思想』（青土社）一九九〇年十一月号二二七頁

4――井上真『熱帯雨林の生活――ボルネオの焼畑民とともに』（築地書館）五五、一〇九頁など

5――筆者自身の観察、またイブリン・ホン前掲書、三六、八二頁など

6――神崎牧子、前掲論文、二二七頁

第四章　パートナーの木

北極圏にほど近いラップの森で、表面を片側だけ細く削られたような奇妙な木を見たことがある。

アイヌの人々も、たとえば衣服を作るための樹皮を採るとき、樹木の南側三分の一だけを剥がすという。南側だと生長が早く再生しやすい。生活に必要な森の資源を得るにも、いたずらに木を伐ることなく、森の生命を損なわずに必要最小限だけいただくことが可能なのだ。

薬草を採る場合も、アイヌの民は、その最も生命力に満ちた部分は採らずに、むしろ余りもののような場所だけ採るという。生命の核心部は〝とても神々しくて採れない〟〝人間は自然の残り物をいただく〟という考え方なのだそうだ。

ラップランドでこの表面の一部が削られた樹木を眼にした時も、すぐに思い浮かんだのは、こうした森の民の考え方——再生可能な状態で残すことによって樹木の魂に礼を尽くし、余り物だけをいただいて森とつきあうやり方だった。

だが、この推測はまったく間違いではなかったにせよ、事の核心を表現するにはおよそ不充分なものであったことが間もなく判明した。

そして、そこから森の民と樹木の関わりについての、驚くべきビジョンがもたらされたのだ。

メディアとしての樹木

実はこの片側を削がれた木は、ラップランドの先住民サーメのシャーマンが、天界や精霊と交信する道具としての手持ちの太鼓《ドラム》を作るための材を、そこから削ぎとったものだったようだ。

彼らは「森の民」として森の恵みに依存し、またトナカイを遊牧しながら移動生活をしている。特別な交信メディアとしてのシャーマンの太鼓は、その胴の部分を樹木（多くは第二章でみた「宇宙樹」としての樺の木）から、またそこに張る皮はトナカイからいただいて作る。いわば、彼らの世界を構成する主要な二つの要素――現実生活においても、また霊的な意味でも、彼らにとって最も大切なサーメ文化のシンボルが、そこには集約されているわけだ。

そして太鼓の皮の表面には、天―地（人間世界）―地下世界の三層構造の宇宙観《コスモロジー》と、それを貫く「宇宙樹」の姿が見事に描かれている。シャーマンは祭礼時にこれを叩きながら自らの意識を変容させ、いわゆるトランス状態で自己のスピリットを天界へと飛翔させて、災厄を取り除いたり病気を治療したりといった仕事を行なってゆく。

もっとも、こう聞くと私たちはすぐその奇妙なドラムを、何か不思議な力を秘めた呪物のように過度に神秘化してしまう。だが実は、本当に大切なのは太鼓よりも、それを作るための木を提供してくれた樹木のほうなのだ。あるいは、いまも生きて森に立っているその特定の木と、それから作ったドラムを使うシャーマンとのあいだの個人的な「絆」なのだという。

そして意外なことに、天界をトリップするシャーマンの超常的な意識変容技術とドラムの交信能力そのものも、実はこの特定の木との「パートナーシップ」に支えられたものだというのだ。

その背後には、彼ら独特の（しかし、ある意味では普遍的な）樹木観がある。

まずドラムを作るために、森に入って木を探すプロセスが重要だ。シャーマンは身を浄めて森に入り、時には何日も一人で森を歩きながら、ある木を探す。

もっとも、その木はシャーマンが選ぶのではなく、木のほうから選ばれなくてはならない。つまり、単に材質のよい木を探すのではなく、むしろ特定の「人格」をもった唯一無二の木に出会うことが必要だというのだ。

北欧の民の神話や伝承を集めた『カレワラ叙事詩』に、舟をつくる木材に困った人間がいろいろな木々に頼んでまわり、特定の歌をうたって、最後にようやくある木が自ら舟に変身してくれたという話があるが、これを彷彿とさせるような、人格的存在としての樹木とのリアルな対話的絆《コミュニオン》がそこには存在する。

重要なのは、ドラムを作るために自らの「分身」をわけ与えてくれるその木に、シャーマン自身が呼ばれることなのだ——。

だからシャーマンは森にいる間ずっと聴き耳をたて、特殊な意識変容状態でさまよい歩くという。時には「夢」のお告げのようなかたちでその場所を教えられることもあるし、腹や胸など身体の特定の部分にある特殊な感覚を覚える、というかたちで導かれることもある。

いずれにせよ、この自分の木を探し歩いてゆく道行きそのものが、シャーマン自身にとってはいかなる儀式や修行にもまして深く自己と宇宙に出会ってゆく、一つのスピリチュアル・ジャーニーになっている。

そして、いよいよその木に出会ったら、まずその木にお伺いを立てて、ドラムをつくる旨を説明する。また、持ってきたお供え物を捧げ、それを真新しい布にくるんでその木に括りつける。こうしてシャーマンとその樹木は、たがいの人格を認め合ったうえで深い霊的な絆を確認する。

このような人と人が「契り」を交わすような手続きを経て初めて、シャーマンはその木のからだの一部をいただくことになるのだ。


だが、こうして目当ての材を首尾よくいただいて一件落着というわけではない。特定の木に出会い、その一部をもらってドラムを作るのは、ほんの出発点にすぎない。むしろ、そこからシャーマンとその木との深い霊的な「共生関係」が始まる。

というのも、ドラムはそれ自体で鳴るわけではない。もちろん叩けば音は出るけれど、それは単なる楽器の音でしかない。

それが宇宙と交信するヴァイブレーションとなり、シャーマンのスピリットを天界へと送りとどける媒体となるためには、その楽器と宇宙、シャーマンの身体（小宇宙）と天界（大宇宙）を結びつける、アンテナや上昇回路にあたるメディアが必要なのだ。そして、サーメの考え方では、そのメディアの役割を果たすのが、ほかならぬこのドラムを分身とする、もとの樹木だというのである。

だから、樹木を切り倒さずに表層の一部だけをいただいて、その木が生命力を失わずにいきいきと森に存在しつづけることが、単なる〝生命尊重〟や〝資源保護〟といった環境倫理的な配慮をはるかに超えた、もっと積極的な意味を持つ。

シャーマンは太鼓でなく、その樹木を通じて宇宙とコミュニケートするのだ。

垂直に立ったアンテナのようなこの通路を介して、日常意識の世界と超意識的現実のあいだを出入りし、その木との得難いパートナーシップに支えられてその両世界を媒介する特権的なシャーマンの仕事を遂行するのだ。

たとえドラムがあっても、そのもとの木がなくなってしまえば、そのドラムとシャーマンの宇宙交信能力は失われてしまう。

天界と地下世界を貫き、それらと現世の人間界を結びつける世界軸としての「宇宙樹」のイメージ、第二章でみたホロニックな「遠の観得」によるコズミック・リンクが、決して抽象的な理念としてでなく、文化のなかで核心的なリアリティとして生きられているのだ（注1）。

特定の木との個人的な絆

　このようにサーメの文化においては、ドラムを叩くシャーマンは、宇宙のなかで孤立してはいない。そのかけがえのないドラムを介して、人間と樹木と全宇宙が一つの緊密な情報の系をなして共振しあっている。

　シャーマンにとっては、契りを交わした樹木を核とした関係の全体が魂の〝楽器〟なのであり、宇宙と交信する自らの身体なのだ。

　単に木を保護するために木を傷つけないのでも、アンテナとして必要だから置いておくのでもなく、木は彼の「宇宙＝身体」の一部であり、彼も森林宇宙に内属した存在であるがゆえに木を守るのだ。

　もとより〝宇宙的なメディアとしての樹木〟という概念は、ドラムの振動によって媒介されるという側面を別にすれば、サーメ文化のみならず世界中に普遍的にみられる。すでに見たように「サクラ」や「メイポール」の民俗信仰にも宇宙樹の通奏低音が鳴り響いているし、「門松」や「ひもろぎ」、〝天の岩戸〟の舞にも象徴される「榊」（境木）／「竹」（笹）など、神のよりしろとしての宇宙樹的な樹木観は身近な文化・習俗のなかにいまも生きている。

さらには（後に見るように）キリストの「十字架」や「クリスマス・ツリー」、ブッダが悟りを開いた「菩提樹」なども、神が降り来たる、あるいはそれを通じて人間が昇天する回路《メディア》としての樹木イメージが下敷きになっている。

だが、象徴言語としての「宇宙樹《よりしろ》」のイメージが現実のものとして受肉し、特定の樹木がある個人にとって永続的なスピリチュアル・メディアとして励起しはじめるには、もう一つ別の要素が必要になる。

人と樹木と宇宙が一つの身体、一つの楽器として共振しはじめる臨界点では、特定の個人と特定の樹木との「属人的な絆《パートナーシップ》」が、本質的な要件として介在してくるのだ。

というのも、このドラムは誰が叩いても同じ効果が得られるわけではない。そのもとになった木と人格的な出会いをし、個人的な「契り」を結んだそのシャーマンが叩かない限り、これは決して宇宙メディアとして機能しない。

このドラムの素材を提供し、その振動を増幅するアンテナとしての樹は、TVアンテナとは違って、誰にとっても同じように「宇宙樹」としての交信機能を果たす匿名的なメディアではないのだ。ちょうど伝統的な「水脈占い《ダウジング》」に使う柳の枝なども、ダウザーが個人的な契りを結んで樹からもらった特定の枝でなくては機能しないと言われるのと同じだ。

シャーマンの特別な交信能力とドラムの特殊なメディア性自体が、人間（シャーマン個人）と樹木との「パートナーシップ」に根拠をもつというのは、こうした厳密な意味においてなのだ。

しかも、それだけ深い個人的な「契り」を交わした間柄であるからこそ、そのシャーマンと樹木は、ドラムを介してたがいに抜き差しならない運命共同体的な関係をそれ以降もつことになる。

つまり両者は一心同体であるからこそ、一方に何かが起こると他方にもその影響が及ばざるを得ない。もしパートナーの樹木が切り倒されるようなことがあると、シャーマンもそれに感応して（病いや不幸に見舞われる等の）危険にさらされるかもしれない。また、ドラムが壊れるなどの不測の事態が生じると、やはりシャーマンとその母体であった樹木が危機的な影響を被ることもあるので、ドラムの扱いにはくれぐれも注意せねばならないという。

こころの投錨点

こうした植物と人間との個的な「パートナーシップ」ということが単なる個人的な思い込みでも古代人の迷信でもないことを、数々の実験を通じて証明しようとしてきた人々もいる。

たとえば植物の感覚・運動機能や対人的なコミュニケーション能力についての膨大な資料を駆使した『植物の神秘生活』（注2）には、草花が攻撃的な意図をもつ人間の心を読み取るといった報告や、植物がある種の音楽（振動・リズム）に特別に反応するという研究結果などとともに、植物とそれを世話している特定の人間とのあいだの親和的な「絆」あるいは「共感」を示唆する実験例が数多く紹介されている。

もとより、こうしたことは多くの人が——ことに植物を育てることに異常な才能を発揮する、いわゆる「グリーン・フィンガー」の持主ならば——日々の植物とのつき合いのなかで経験していることだろう。だが、これらの報告が特に注目に値するのは、そうした共感関係が実際にその植物に触れている場面での一過性のものでなく、「距離」や「時間」を超えて存在しうるものであることを客観的に示唆している点だ。

たとえば主人が隣室にいようと、あるいは千キロ離れた場所にいようと、その愛情を日々受けて育つ植物たちは主人の行動や感情変化を精確にモニターした電気反応を示し（実際、主人が怪我をしたり精神的なストレスを受けたりすると、それと同時刻に「嘘発見器」に似た電極装置をつけられた植物たちに顕著な反応が顕れる）、また主人が目の前に現れるはるか以前、かなたで帰宅を決意した瞬間に、それは明らかに生気をとり戻す。もとより、こんなことは主人以外の他人に対しては絶対に起こらない。

さらに自分に愛情を注いでくれた人間であれ、危害を加えた人間であれ、それに対する植物の記憶（つまり対人的な個体識別能力）はかなりの永続性をもち、互いにしばらく離れていた後でも後者に対してはネガティヴな、前者にはポジティヴな反応を即座に示す、という実験結果も数多く報告されている。

旧来の科学は「個人差」を超えた普遍性・客観性にこそ基準をおいてきたわけだが、こうした現象においては、（まさにその「個人差」を生みだすような）関係の「属人性」や「歴史性」といった普遍化しにくい次元にこそ本質があるのだ。

ちなみに遠隔地にいる主人の心身の変化に感応する植物は、主人の「性行為」に特に強く反応したという。百キロ以上離れた場所にいた「パートナー」の性的オルガスムに、計器の目盛りを完全に超えるところまで反応してしまう植物――。

　いずれにせよ十把一絡げの匿名的な「森」や「木々」ではない、特定の顔と人格をもった樹木との属人的な関係こそが、私たち一人ひとりと森や樹木を生きたかたちで結びつける。それこそが個々人に、この宇宙と環境のなかに自分の場所を定位する一つの「投錨点」を提供するのだ。

　だから、あのシャーマンの旅は、決してドラムの木を見つける旅ではない。むしろ自分と宇宙の紐帯《つながり》、森のなかでの自らの「投錨点」を、個別的な人格（＝樹木）に託したかたちで創出してゆく行為だったのだ。

　また、樹木がその身体の一部を人間に提供してくれるのは、単にドラムを作る素材としてではなく、それを介してその木と人間が互いにわかちがたい「分身」となるための、特権的なプラットフォームを創出するためなのだ。それによってはじめてその個人は宇宙的身体の一部となることが可能になる。

　樹は、大地や天体までも自己の器官として包含する「開放系」として屹立しながら、そのパートナーとなる人間の宇宙的身体のメディアとして自らを貸し与える――。

そういえば、こうした樹木との「パートナーシップ」について、C・W・ニコル氏も同様の体験を報告している。それはニコル氏の故郷ウェールズの、ケルト的な樹木信仰を受け継ぐ自分の祖母についての、次のようなエピソードだ。

子供のころ、私はとてもからだが弱くて、医者から激しい運動を一切止められていたほどだ。そんな私を心配した祖母は、ある時まわりに誰もいない時を見はからって、私の耳にそっとささやいたものだ。

「あの谷間にいってごらん。ひとりだけで行って、年とった大きな木を見つけるんだよ。できればオークの木がいい。オークの木は魔法の木だからね。これだという木を見つけたら、その木に向かって、兄弟になってくれと頼むんだよ。その木をしっかり抱きしめて、木が鼓動するのを感じとり、自分の秘密を打ち明けて、かわりにその木の秘密を教えておもらい。それが済んだら、てっぺんまで登って、その木の呼吸《いき》を吸い込むんだよ。そうすれば、木はおまえの兄弟になって、おまえを守り、強い子にしてくれるからね」（注3）。

〝わたしの木〟の見つけ方

樹木に抱きついてその呼吸や鼓動を体感し、相手の微かな聲に耳を傾けるという全身体的な関わり方——。自分と気の合いそうな大きな木を見つけて、触覚や聴覚やそれらも超えた共感覚的な次元で木とコミュニケートし、相手と一体になることで、木に助けてもらうことができる。

しかも、そうした特別な回路を通じて生まれる木と自分の霊的な関係は、単に森林から漠然とエネルギーをもらうとか森林浴をするといった抽象的な関係ではなく、互いの「人格」を認めあったうえで個人的な秘密を共有しあうほどの「兄弟関係《パートナーシップ》」になるというわけだ。

古代ゲルマン的な深い森林経験の文化遺伝子（ミーム）が、まさにこのニコル氏のエピソードのなかの、特に「抱きつく」という身体知の様式に象徴的に現れているように思われる。

こうしたトータルな関係の作法を通じて初めて、自分にとってその木が――そして木にとっても自分が――特別な存在となる。

ここで思い出されるのは「ネイチャーゲーム」と呼ばれる体験志向型の環境教育の手法だ。

「環境教育」の分野は、最近まで十九世紀的な博物学の亡霊にとり憑かれて、どちらかと言えば知識偏重の傾向が強かったように思う。つまり、環境に対する瑞々しい感性を解き放っていくことよりも、植物の名前をつめ込んだり、お固い環境倫理学の帽子を被せることによって、人間を〝歩く植物図鑑〟に仕立ててあげるような教育的配慮がどうしても先に立ってしまいがちだったのだ。

その結果、せっかく自然に対する健康な驚きと知的好奇心が溢れでてくるような場所に来ていても、子供たちは博物館でガラスケースの標本を見ているのとあまり変わらないかたちでしか自然を経験できない。

ところが「ネイチャーゲーム」は森林について教えるよりも、むしろ子供たち一人ひとりの森林経験の質を深めてゆくことに主眼を置く。あるいはマス（集合的対象）としての「環境」を守ることを指導するより、個々人が一本一本の樹木と深く出会い、それと個人的で親密な関係を持つことによって、家族を思うように樹木や森のことを考えるように、子供たちと森林との的確な「関係回路」をデザインしようとする。

たとえば子供に「目隠し」をした状態で、手に握った一本のロープだけを頼りに森を歩かせる。

一歩先に何があるか分からないし、どんな動物が現れるか知れない――そんな興味と不安の入り交じった道行きのなかで、子供は「視覚」が奪われた分、必然的に他の感覚チャネルが敏感になり、土の匂いや感触、鳥の声や風のそよぐ音、木肌の触感などが急にいきいきと立ち上がってくる。子供にとって、環境世界がにわかにきめ細かな粒立ちをもって経験されてくる。

環境に身をさらしながら、環境に対して知識の目隠しをされている。そんな、笑うに笑えないジレンマが自然の王国への入口をふさいでいるというのなら、いっそのこと本物の目隠しをして森を歩いてみたらどうだろう？――これこそネイチャーゲームの最も革新的なポイントの一つだ。

あらゆる経験を「知識」「情報」に還元してしまう近代の理性主義。ところが、その根幹にある「視覚」を制限することで、皮肉なことに世界は図鑑や博物館などよりもはるかに情報量の多い豊饒なものとなるのだ。そして異形の自然に手探りで出会っていくことは、未知の自分を発見していく冒険でもある！（注4）

さらに、そうした全感覚的な回路が覚醒した状態のなかで、今度は一本の木を選ばせて、それを抱きかかえたり匂いを嗅いだり、その木に話しかけたり、その下に寝ころんだりして深く体験させる。あるいは自分がその木になったつもりで、ドングリから発芽して現在の大樹にまで成長する過程を演じてみる。

ある木について学ぶよりも、その木について自分がどのように感じているか、その「場」（森林環境）をどのように経験しているかを大事にし、その経験の質を個々人がより自覚的に深めてゆくことを主眼として営まれる「経験のデザイン」。そして、その木の共感覚的な「記憶」を充分にからだに刻印したうえで、子供たちは目隠し状態のまま再び離れたところまで連れ戻され、そこで目隠しをとって、先ほどの木をあらためて今度は眼で探してみる。

すると面白いことに、子供たちはさっき抱きしめた自分の木を探す過程で、森の木が一本一本個性と特徴をもっていることにあらためて深く気づくとともに、多くの場合、視覚を通じて識別してはいなかったはずの自分の木を見事に言いあてるという。

そして次の年にまた同じ森にやって来た子供たちは、即座に叫ぶのだ——〝見て、これがわたしの木よ！〟

ここでは森はすでに疎遠な学習の対象でも、顔のない抽象的な空間でもない。また、その木は、もはやたくさんある樹木のなかの匿名的な一本に過ぎぬものではない。木に抱きついて、個人的な木の記憶を内部化していくという、ネイチャーゲーム特有の深い森林経験のデザインが、新たなかたちの森の認識と「属人的」な樹木との関わりを、子供たちにもたらしたのだ。

子供たちはこの時点で、森のなかに、自分もその一部となって森に参入するための心の投錨点を得たのだとも言えるだろう。その子供と樹木のあいだに、その場所が属人的な歴史性を蓄積してゆくような意味生成の回路が生じたのだ。

実際もし、その子が次の年にまた同じ場所にやってきて、せっかく会いにきた自分の木が伐られたり傷つけられたりしているのを発見したら、どんな思いを抱くだろうか？　あるいは各々の「わたしの木」がある山の森林が伐採されると聞かされたとき、子供たちが一斉に思い浮かべるのは抽象としての「森林」や「環境」でなく、抱きついたときの自分の木の独特の息づかいや肌ざわりではないだろうか？

子供たちの「記憶」はもはや抽象的な森の「知識」に還元されることはない。森はパーソナルな「意味」を孕んだものとして、それぞれの心のなかに棲みこんでいる。子供たちはすでに森を外側からでなく内側から――それを想起する時ですら、森の内部で木に抱きついた状態を核心に据えて――経験しているのであり、子供たち自身が（自己の投錨点としての木を通じて）すでに森の一部なのだ。

三つのエコロジー

特定の木が〝わたしの木〟として人の一部となり、人間もその木を通じて森の一部となるという、相互的かつ歴史性をもったコミュニオン――。

〝わたしの木〟という言葉に表現されているのは所有関係ではない。だが、自分にとって特別な存在である、そのかけがえのないパートナー（兄弟／友人）の生死は、抜き差しならない自分の問題として（――たとえば「抱いて」でも守らねばならない身内として）経験されるだろう。その意味において、それは所有関係以上に強固な属人性をもった関係なのだ。

これは、サン＝テグジュペリが『星の王子さま』のなかで、故郷の星に咲いていた一輪の「花」、あるいは地球で出会った一匹の「狐」と王子との関係にこと寄せて語ろうとした、とても大切な問題だ。

名前をつけたり、その関わりが歴史性を持ってゆくことで、花は他の幾多の花のなかの匿名的な一輪に過ぎないものではなくなり、お互いにとって相手が特別な存在となるような関係性が生じる。

こうして一本の木が「属人化」され、場が個別化される。そのような関係密度のなかで初めて、ひとは真の意味で森に棲みこみ、森の一部となることができる。

そうした次元においては、たとえば森が伐られるというのは、疎遠な対象としての「森林」の危機でも、緑や酸素や水が失われるといった外的な利害の問題でもなく、まさに自分自身の問題として経験されるはずだ。

「自分」とは〝自然のなかの分〟という意味である、と私は半ば冗談でよく言うのだが、まさに自分の身が伐られるのと同じ次元で、森が伐られることを体感し、自分のパートナーの木の痛みを経験するという、樹木と人間の相互的同一化（〝identification〟）の可能性がここには示されている。

熱帯雨林を守る運動をしているジョン・シードという人が、何のためにそこまで身体を張って森のために戦うのか？　と聞かれて答えたのが、これと同じような意味のことだったように思う。

自分は森の一部なので、森のなかの意識のある部分が自分を守るために立ち上がっているだけだ、と。つまり彼は部外者ではない。自分自身を守るために戦っているのだと言いたかったのだ。あるいは、自分のなかの「樹木性」が自らを守る戦いに自分を駆り立てているのだ、という風にいうこともできるかもしれない。

そして、たとえば強圧的に伐採される森の樹木に抱きついて守るという象徴的な行為で有名になったインドの「チプコ運動」（「チプコ」とは文字通り〝抱きつく〟という意味）についても、おそらくこうした樹木と人間の同一化ともいうべき関係の密度を、その背後に見てとることができる。

地球規模の森林破壊への象徴的なアンチテーゼとして、しばしば紹介されるチプコ運動。だが、こうした森林保護の典型的な〝美談〟として語られることによって、その正論と引き換えにこぼれ落ちてしまう大切な何かが、そこにはあるように思われる。

実際、森を守るという「目的」ばかりを倫理的に評価しようとする姿勢は、抱きついて守ろうとした村の女性たちの「行為」そのものの意味をかえって見えにくくしてしまう。その直接的で非効率な方法の背景にある、彼女らと木々の一本一本との「関係」の密度が捨象されて、物的な資源としての森林の保護という型にはまった表現に回収されてしまう。だが、彼らが守ろうとしたのは、匿名的な抽象としての「森林」ではない。「環境保護」というような大上段のイデオロギーも、彼女たちには無縁だ。重要だったのは、母親がわが子を守るのと同じように「抱いて」守ることがもっとも自然であったような何者かであり、わが子同様に個別的な、一人ひとりまたは一本一本に個性的な「人格」を見出すような存在だったのではないだろうか？

　このことは、たとえ同じように森林を大切に思っていたとしても、私たちが森を守ろうとする時、果たして木々に「抱きつく」という方法をとるだろうか？　と考えてみればよくわかる。

　エコロジー的「正義」の看板をかぶせられることで削ぎ落とされてしまうのは、彼らにとって樹木がいかなる存在だったのか？　という「意味」の次元であり、木が抱きつく対象であるような、生きられた森の文化的リアリティ――その固有の森林経験の質にほかならない。

　あるいは、〝抱きつく〟という行為のうちに豊饒な身体知として表現された、樹木と人間のパートナーシップの記憶と言ってもいい。森林保護は、この森と人間の絆の必然的な結果にすぎない。

「エコロジー」を物的な自然保護の文脈で語るだけでは不充分であり、もっと文化的／社会的な意味あいまで含めた個別的な森林経験の質についての視点を持つべきだということを、このエピソードは示唆している（これは「森の経験資源」をいかに担保するか？という前章で述べた視点にもつながってくる）。

そうした次元を捨象して〝環境保護〟という抽象に還元してしまうような、二〇世紀的な政治イデオロギーとしての「エコ」の脆さに、新たな世代はもっと敏感になっていい。

サーメの環境文化、その人間と森の関係を構築するベースには、少なくとも〝宇宙的メディアとしての木〟というコンセプト（＝神話のなかの宇宙樹の概念に直結する「象徴的／文化的」な次元）とともに、そうした普遍的な概念を等身大の個人的なコンテクストに着床させる〝パートナーの木〟という意識（＝いわば「属人的」で「社会的」な次元）が相補的に存在していた。

この二つの次元こそ、現今の物的で生態学的な側面に偏った環境保護思想において、つねに看過されがちな「外部」である。この文化的《コスモロジカル》／社会的《パーソナル》な次元を加えた三位一体の新たな環境思想のマトリクスが、いま求められている。
それを、ここでは（F・ガタリにならって）〝三つのエコロジー〟という概念で総括しておこう（注5）。

言うまでもなく、森林経験の様式（樹木との関わり方）が、広い意味での環境のあり方を決定する。「環境」とは、その言葉の定義にしたがって、人間（主体）との関係のあり方、その「経験」の質に依存した相対的な概念なのであり、こうした個別的な樹木との関係回路のデザインに応じて環境意識は大きく変化する。

その意味で、こうしたコスモロジカルで文化的なコンテクストと、関係の属人性／歴史性といった極めて見えにくい部分こそ、これからの「環境」や「エコロジー」を語る際の本質的な問題になってくるはずなのだ。

〝わたしの木〟との関係の密度が、社会的公共財としての「森」、すなわち〝みんなの木〟の質と、ひいては私たちの森林文化の鍵を握っている。

注1――J・ブロス『世界樹木神話』にも、そうした〝宇宙樹の一部から太鼓をつくる〟シャーマニズムの報告が紹介されている。それによれば、シャーマンは自らの道を発見するイニシエーション（通過儀礼）の夢のなかで「すべての人間に生命を与える樹木」に遭遇す

る。新米シャーマンとして、この樺の木のまわりを回ってそこを離れようとすると樹の主が彼にこう言った――「いま私の小枝の一本が落ちた。それを拾って太鼓を作るがよい」。つまりシャーマンの太鼓の胴は「宇宙樹」のからだの一部で作られており、シャーマンに権能を付与するのは樹の主自身なのだ。この太鼓を打鳴らすことで、彼は世界の中心、天に昇ることが可能な唯一の地点に身を置くのだ（同書、第二章参照）。

2――『植物の神秘生活』第二章ほか

3――C・W・ニコル『TREE』（徳間書店）二五頁

4――この新しい環境教育の手法についての包括的な案内は、その考案者であるジョセフ自身による『ネイチャーゲーム』（柏書房）を参照。なお、筆者は大学の演習で、このネイチャーゲームも含めた「脱視覚中心的」な経験のデザインをさまざまなワークショップを通じて実験している。

5――F・ガタリ『三つのエコロジー』（大村書店）

第五章　人間と植物の共進化にむけて

森のエクスタシー

翌日彼女は森へ出かけた。曇った静かな午後で、暗緑色の山藍が榛《はしばみ》の矮林の下に拡がっていた。すべての樹木は音も立てずに芽を開こうとつとめていた。巨大な槲《かしわ》の木の樹液の、ものすごい昂まり。上へ上へと騰がって芽の先まで届き、そこで血のような赤銅色の、小さな焔かとも思われる若葉となって開こうとする力を、彼女は今日は自分のからだの中に感じた。

それは上へ上へと膨れあがり、空にひろがる潮のようなものだった（注1）。

D・H・ロレンスの『チャタレー夫人の恋人』の通奏低音に、〝森と人間の合一〟――ヨーロッパの基層文化からロマン主義へと連なる西欧思想の地下水脈としての〝森の救済〟というテーマが鳴り響いていることは、その作品を通読した人の多くが気づくところだろう。

炭鉱の経営者でありながら第一次大戦での脊椎損傷の後遺症で下半身不随となった夫、チャタレー卿。鉄と石炭の文明の支配者であるとともに犠牲者でもある、近代の光と蔭を同時に背負い込んだようなこの象徴的な人物の対極に、チャタレー夫人の恋の相手となる森の男は存在する。そして、夫との〝死の家〟(＝産業社会)での暮らしから逃れて、彼女は屋敷の背後にひろがる森に入り(ロレンスの設定ではそこはヨーロッパの森の力を象徴する逸話「ロビンフッド」の所縁の森という事になっている)、そこで森の男に導かれて自らの生命の再生を経験してゆく。

ここでは「性」は、反社会的な情事といった文脈を超えて、はるかに象徴的な意味をはらんでいる。森番という樹木そのもののような男との出会いは、〝森との合一〟〝樹木との一体化〟という普遍的な癒しを彼女にもたらしたのだ。

実際、彼女は自ら木になったかのように、その垂直性の樹液の躍動を体感し、森そのものと交歓するうちに、自己の内部に根源的な生命力が沸き立ってくるような強烈なエクスタシーを経験することになる(注2)。

性的なインターコースとしての森の生命体験――。

もとより「エクスタシー」という言葉自体、語源的には(魂が)〝外にでる〟〝自己を超え出てゆく〟(ex-tase)ということであり、必ずしも性的な意味だけではない広義の自己超越＝意識拡張体験を指していた。とはいえ「性」は、他者とのめくるめくような心身の越境を通じて〝自己を超える自己〟を見出してゆく小さな死と再生(petit mort)の儀式ゆえに、高次のエクスターゼ体験の特権的なメタファーとなりうる。

古代ヨーロッパ神話におけるさまざまな森の「癒し」の物語が、(たとえば傷ついた若者が乳したたる樹木と一夜を共にして癒されるといった)〝樹木性愛〟のイメージで「性」と深く結びつけられてきたのも、こうした文脈で理解することができる。森への旅はそれ自体、小さな自己の「死」に向かう通過儀礼であり、そこで人は樹木や森との同一化を通じて、新たな自己の再生を経験するのだ。

だから、「性」が森のイメージに結びついているとすれば、それは森が「性」を規制している文明社会の外部(異界)に位置しているからという理由だけでなく、むしろ森の深い生命経験そのものが「性」という死と再生のメタファーを必要とするからだろう。単に性交渉の格好の舞台として「森」があるのでなく、自他が融解する森の経験の本質として「性」のイメージが召喚されるのだ。

ロレンスは、そうしたエクスタティックな森の癒しの感覚を次のように表現している。

私は木々のあいだで自己を失ってゆく。その沈黙した、ひたすらな情熱、その欲情に包まれて、木々と一緒にいることが嬉しい。樹木はわたしの魂を満たしてくれる。なぜキリストが木の上ではりつけになったか、その理由がわかるというものだ。

キリストは、ユダヤ聖典で「生命の樹」として崇められていたエッサイの株から生まれ出て、最期は木の十字架にかけられて死んだ。その意味で、まさに〝木から生まれ、木に還った神〟とも言える(注3)。

そして十字架のうえでの死は、より大きな再生(復活)への契機、すなわち現世的な自己が死んで、より高次の普遍的な存在へと昇華されるプロセスにほかならない。

ロレンスは〝森の癒し〟〝樹木との同一化〟というテーマを、少なくともこうした高次の自己超越への運動(=人間をより普遍的な次元へと開いてゆくプロセス)として見ている。

この点で、このロレンスを通じて流れ出た古代ヨーロッパの樹木性愛の伝統は、〝物と春をなす〟(荘子)という言葉で「道」(タオ)のライフスタイルを語る東洋思想とも不思議な共鳴をし始める。

木と会う／木になる

中国の伝統的な気功法の一つである「樹功」は、こうした人間のなかの〃樹木感覚〃とでもいうべき、木との共感と同一化を主題とした身体技法だ。

森に入り、惹かれる木を探してゆく。自分と「気」の合いそうな木が見つかったら、それに向かい合って立ち、問いかけたり抱きついたりしながら、木と気を交流させてゆく。さらには木と対話するのみならず、自ら木に「変身」したつもりで根を生やしたように立ってみる。まるで木に向かい合っている自分がその木の写像にすぎないかのように、自分を（そして「立つ」という行為を）何かに明け渡してしまう。文字通り地に足がついて、一瞬自分の存在が消え、自分も木と同じく透明な柱体の一つとなる。

樹木はあらゆる気の変化に敏感に反応する特権的なセンサーであり、木との相性や時間のリズムを考慮しながら、自分と〃気のあう木〃を見つけて持続的な対話関係を築いていけば、木は人間にとって得がたいパートナーとなる。フィトンチッドを身に浴びるだけではない、木との個別的で属人的な同調感覚（attunement）がそこに浮上してくる。

だが、さらに「木になる」（木となって立つ）という行為には、もっと別の意味もある。たとえば、普段二本足で自由に動きまわっている人間にとっては、じっと動かずにもっぱら受信機能だけを鋭敏にしていくだけでも、かなりの異化作用が生じる（無為という苦行！）。さらに地上的存在である我々が、地上部分と同じぐらいのひろがりと深さで根を張る樹木と同じように、地下にも同じぐらいの身体の存在をネガのように想定しながら風に揺れてみようという経験は、かなり人間として日常慣れ親しんだ自己イメージを揺るがす身体感覚を呼び起こす。

「木になる」ということは、人間にとって異質な鏡を通して、自己と世界のイメージに異化作用を起こしてゆくプロセスなのだ。


こうした側面を、日本における「樹林気功」の紹介者である津村喬氏は、〝身振り＝自己像の再編集〟という概念を手がかりに、普遍的な問題として考えようとしている（注4）。

津村氏によれば、（「樹林気功」に限らず）「気功」という養生的パフォーマンス技法のほとんどの型が私でないもの、人間でない「他者」の模倣《まね》からなっている。

たとえば「五禽技」とよばれる技法においては、熊・猿・鹿・鳥・虎といった動物の姿や立居振舞をまね、その動物に自己を同一化してゆく。「亀蛇功」では爬虫類の動きを演じ、万年生きるといわれる亀の細くて長い呼吸を模倣する。「樹功」では、それが植物の領域にまで拡張される。

そこでは型や動作をまねること自体が目的なのではなく、それを通して私でないわたし——従来の狭い「自己」のイメージや「人間」の規定性を超えた未開のアイデンティティを発掘しようとしているわけだ。

実際、普段しない身振りを採用し、それを既存の自己に編集・統合してゆくとき、自らを縛っていた「自己」という身振りの牢獄の不自由さに気づくことになるだろう。

その意味で「樹功」には、感覚的な木との一体感という次元をこえて、人間のありかたそのものをより広い地平へと解放（ex-tase）してゆく思考が見られる。

内なる異種間コミュニケーション

自己の内部に他者性を発見し、人間のイメージを拡張してゆく。——その意味で、気功は内的な異種間コミュニケーションの方法であり、また他者の世界像を（擬似的にであれ）自らのなかに統合してゆく試みともいえる。

特にあらゆる樹木が本質的に「宇宙樹」であり、地域気象のみならず宇宙的な環境変化をその身に鋭敏に映しだす気の循環路であることを考えれば、「樹功」とは樹木とのパートナーシップを通じて人間自身が樹木の宇宙感覚を内面化してゆくプロセスである、と捉えることもできる（実際、季節や時間帯による気の変化は樹木によって増幅され、自分一人で気功をやる時とは比較にならないほど天地環界の影響を受けるようだ）。

外的に森林保護を叫ぶのでなく、また樹木との気の交換をいたずらに神秘化するのでもなく、人間自身の一面的なありかたへの問い直しを通じて、人間の文化のなかに樹木の世界経験と交差するインターフェイスをデザインしようとする意思——。

もっとも三木成夫流にいえば、私たちの身体は「植物性器官」としての内臓系（内胚葉）と「動物性器官」としての脳神経系／感覚系（外胚葉）の複合体であり、植物的な「遠」の感性とリズムで、天体の動きや季節変化に呼応しながら栄養・摂食や性・生殖の活動は営まれている（第二章参照）。つまり、私たち「人間」の内部にも動物的な側面だけでなく、植物や樹木に通底する生のモードが潜在しているともいえる。

となれば、樹木をお手本にするというのは、何も自分の外にある指標に自分を合わせるということではなく、むしろ自分の内側に眠っているさまざまな生命記憶を、もう一度自己という進化の実験場《フロンテイア》に再統合してゆくプロセスともいえる。動物や樹木を演ずることは、そうした意味での内なる異種間コミュニケーションの試みなのだ。

〝生命を養う技術〟としての中国の「養生」文化は、森に入り、動植物と関わるというプロセスに、このような人間観と生命観の拡張可能性を見いだそうとしていた。

もっとも、こうした存在論的な異種間コミュニケーションのテーマは、中国思想に特異なものというわけでは決してなく、むしろ人類文化のなかでは、特に「シャーマニズム」や「トーテミズム」と呼ばれてきた民俗文化の伝統において極めて一般的なことだった。たとえば〝自分たちの先祖は熊であった〟といった言いかたで人間と自然界の見えないつながりを表明するとき、その背景には人間と動植物の「種」の境界を越境するような大きな生命連関の母胎《マトリクス》がイメージされている。

人類の普遍的思考様式として「トーテミズム」や「野生の思考」を理解する新たな見方を現代社会に提示してきた人類学者レヴィ＝ストロースは、こうした民俗的かつ普遍的な生命観の本質を、シウー・インディアンの老賢人の次のような言葉に託して表明している（注5）。

あらゆるものは、動きながら、ある時、あるいは他のある時に、そこここで一時の休息を記す。空飛ぶ鳥は巣をつくるためにある処にとまり、休むべくして他のある処にとまる。歩いている人は、欲する時にとまる。同様にして、神も歩みをとめた。あの輝かしく素晴らしい太陽が、神が歩みをとめた一つの場所だ。月、星、風、それは神がいた処だ。木々、動物はすべて神の中止点であり、インディアンはこれらの場所に思いを馳せ、これらの場所に祈りをむけて、彼らの祈りが神が休止したところまで達し、助けと祝福を得られるようにと願う。

これが動植物の姿をまね、コズミック・ステップで天の星々（北斗）までも地上に踏んでゆこうとする中国気功、あるいは風や雲を手やからだの動きで表現するポリネシアの「フラ」のダンサーたちの写実行為《コスメティックス》と軌を一にすることは明らかだろう。「祈り」とは他者や宇宙に同調してゆく心のおもむきの形象化であり、その意味であらゆる舞踏や擬態は本質的に「祈り」の行為にほかならない。

さらにレヴィ＝ストロースは、『創造的進化』などを通じて現代の生命思想に大きな影響をあたえたベルグソンの思想のなかに、これにぴったり呼応する現代的トーテミズムの記述を見出し、続けて引用している——。

> 大いなる創造力の流れが物質のなかにほとばしり出て、獲得しうるものを獲得しようとする。大部分の点で流れは中止した。これらの中止点が、われわれの眼にはそれだけの生物種の出現となる。つまり有機体だ。本質的に分析的かつ総合的な我々のまなざしは、これらの有機体のなかに、数多くの機能を果たすべく互いに協力している多数の要素を見てとる。しかし、有機体生産の仕事は、この中止そのものに過ぎなかった。ちょうど足を踏み入れただけで、一瞬にして幾千もの砂粒が、互いに示し合わせたかのごとく一つの図案となるような単純な行為だ。

つまり、「個体」や「種」は生命情報の大いなる潮流の一経過点（休止点）に過ぎず、私たちの眼に別々の人格や生物種として映るものは、言ってみれば海面に点在する多様な島々のようなものだということだ。

島はそれぞれ形もちがい、その数をかぞえれば幾百・幾千にも上るけれど、それらはすべて海面下では繋がっている。その正体は一つの大きな地殻のマトリクスの変様に過ぎないのだが、それが様々な力を受けて褶曲・断層を繰り返してきた歴史の記憶の各断片が、私たちには別々の「種」や「個体」となって立ち現れる。

別々の種や個体に見えるのが幻想にすぎないと言っているわけではない。それらが個別性や多様性をもって存在していることは、各々かけがえのない進化の跳躍《ジャンプ》の証し、それぞれが地球の新たな一呼吸なのであり、そこには固有の意味がある。

しかし、それは常に海面下のより大きな生命記憶の母胎と接続しながら、新たな自己拡張への回路を探っているのであり、少し潮が引いたり潮流が変わったりすれば、他の島々と予想もしない形でつながりなおす多様な接線や隆起点が、水面に浮上してくるかもしれないのだ。

踊る農業

生命の海で、異種をへだてる生命の喫水線を、少しだけ下げてみること——。

もとより生命界全体が、こうした異種間のデザインの融通無碍な連結／交換《コミュニケーション》に満ちている。植物と昆虫、花と蝶のあいだには目に見えない生命情報の連続したマトリクスがあって、その幾つかの特異点が、たまたま「花」と「蝶」という一つの共生系の両極として可視化されているだけだと言えなくもない。

とはいえ、イメージの越境によっていかなる遺伝的な規定性にも縛られずに、どんな他者も擬態しうるという所に、人間固有の特権性が潜んでもいる。〝人は熊や樹木でもありうる〟といったように、異質なもの同士のあいだに比喩的な連関を見出し、それを内的な異種間コミュニケーションとして肉化しうるという、このあらゆる可能態へと開かれた身体性こそが、「人間《ホモサピエンス》」固有の天賦《ギフト》にほかならない。

他者に同調・同一化してゆく行為としての「祈り」は、その意味で確かに最も人間的な行為なのだ。そして、人間としての所与性を超えて、植物や動物や微生物の視点まで内部化した、進化史的に新たな「生」を営む可能性、自己の生命の内部に潜在する多数性を解発《インキュベート》しようとする「人間」固有の自由の意味が、現代では新たな文脈で浮上しつつあるのではないか――。

動植物や天界のメタ・パターンにまで自己を拡張しようとする「気功」や「トーテミズム」の伝統も、その意味で、精妙な身体技法や意識変容を通じて、いわばこの生命実在の喫水線を一時的に少し下げてみる技術として再発見されうるものだ。

舞踏家・森繁哉氏が東北の農村で実践してきた「踊る農業」というコンセプトにも、こうした水面下の生命マトリクスに潜降しながら、内なる異種間コミュニケーションを試行してゆく人間のアルスの原風景が透けてみえる。

農業をテーマにした一連の創作舞踏のなかで、「一本の稲」が苗から次第に大きく生長してゆくさまを華奢な身体で演じながら、文字通り「稲」そのものになりながら、その表演に続いて森さんは次のように語る（注6）。

ダンスの創作行為というものは、私とたとえば一本の草、一本の稲、あるいは一本の樹木との関わりのなかでしか成り立たないもので、そうした自分でない物との具体的な関わりのなかで、何かに驚き、発見しながら自分が揺れ動いていく——そうした生理的な感情の火を灯していくことが「表現」ということなのだと思います。

おそらく人類のあらゆる芸能文化の基層には、こうしたトーテミスティックな生命技術がさまざまな形で折りたたまれているに違いない。

だが、森さんの試みのユニークなところは、このような内的な異種間コミュニケーションを実践してゆく一つの特権的な回路として、「農業」そのものを捉えかえそうとしている点だ。

もちろん芸能や舞踊はもともと「農」と深く結びついていたし、芸能的所作の多くはそれ自体〝踊る農業〟（農業行為の表演化）だと言えなくもない。だが、ここでは抽象化された農の所作を舞台や祭礼の場で演ずるだけでなく、田んぼや畑のなかでの「農」の行為そのものを〝芸能化〟してしまうことにポイントがある。

「生産」行為が同時に「表現」（＝芸術）行為でもあり、水田という場所がすなわち稲と人の異種間コミュニケーションを成立させる格好の生命表現の舞台なのではないか、という視点だ——。

田んぼのなかに、さまざまな四季の変化、一日の変化がある。草にかかった朝露で足が濡れたり、そこに立ちのぼる草の匂いや花の色彩、水に映る稲の微妙な陰影、水の蛇行——それらの無限の変化が一斉に自分の身体に写りこんでくる。

そういう意味では、「舞踏」以前に日々の「農耕」という行為のなかに、すでにそうした表現行為としての可能性は潜在している。実際、谷間ごとに微妙に違う田植えの動作や足の運びといった身体技法に、そうした表現の核は秘められている。

植物的知性の内部化

生産対象（作物）との即物的な関わりでなく、内的な異種間コミュニケーションのパートナーとして植物と関わる営みを通じて、私たちの生命観そのものを深化してゆくこと。

そこでは「農」という営み自体を、一つの宇宙的な学習プロセスへと広軌転轍してゆく可能性が示唆されている。

それは同時に、植物的な「知」とその宇宙感覚を人間自身が内部化してゆくこと、人間とその文明のありかたをより普遍的な次元へと拡張してゆく試みでもある。

そうしたエコ・エステティックな文化技術として、「農業」という人類の営みの新たな可能性を捉えかえすこと——。

「農」をこうした文脈でみるとき、そこに二〇世紀の二人の「農」の革命者の思想がおのずと反響してくる。

一人は「ハイポニカ農法」の提唱者である野澤重雄氏。一万数千個の実をつけたトマトの巨木をみた人は「食料増産の画期的な技術」あるいは「遺伝子組替えか？ 人間が自然を操作する恐ろしさ」と両極端の反応をした。しかし、事の核心はそのどちらでもない、と野澤氏はいう。

ハイポニカは植物というものの「本来」の発見であり、人間の無知（思い込み）がそれを覆い隠していただけだ。「食料増産」は人間の画期的な技術によるものでなく、むしろ人間が植物に与えていた阻害要因を除去した結果にすぎない、と（注7）。

実際、これは人為的な遺伝子操作など何もしていない。ただ土という阻害要因を取除き、水耕栽培で植物がもつ本来のポテンシャルを発揮させただけだ。画期的な事といえば、〝植物は土がないと育たない〟という私たちの常識を、逆に阻害要因と捉えた、その視点の転換にほかならない。

土が阻害要因かどうかについては、意見が分かれるところだろう。だが、ここで問題にしたいのはその真偽でなく、人間の地上的な常識を括弧にくくって、虚心坦懐に植物の本来もつ多様な可能性に眼を開いてみようというその姿勢だ。

「私たちはまだ植物のことを何もわかっていない。ハイポニカの本質は〝自然の操作〟でなく〝生命観の転換〟であり、それこそが農の未来のカギを握る」と野澤氏は説く――。

そして、私たちの意識の変化、人間の植物との関わり方の革新が、植物の生育と「農業」のあり方に根本的な影響を与える、と。

野澤氏にとっての「農」は、その意味でまさに人間と植物の宇宙的な相互学習のプロセスそのものであり、一万数千個のトマトはその共進化の自然な結果にすぎない。

天地を結ぶコーディネート行為としての「工」の概念が思い出される。

そして、生命観と植物観の抜本的な変革こそが農業を救うという発想は、今世紀初頭に生き、その思想がいま改めてヨーロッパをはじめ全世界で再評価されつつあるルドルフ・シュタイナーの考え方にも通じる。

高品質の有機ワインを作るバイオダイナミック／biodynamique 農法としてもにわかに

注目される「シュタイナー農法」は、種まきや収穫を星まわり（農事暦）に基づいて行なうということで、奇矯な考え方と誤解されがちだ。

だが、シュタイナーの考え方の核心は、現代の人類の農業技術思想が、天体や季節変動と不可分に連動した「宇宙器官」としての植物（第二章）の本性をまったく考慮していない、という点に収斂する――。

たとえば磁石の磁針が一定の方向を指す理由を説明するためには、北極や南極など地球全体を引き合いに出さなければならない。その理由を磁針の内部に求める人がいたとしたら、その理解を幼稚だと思うだろう。

しかし実際には、それと同じことが植物や農業においてはなされている――。

「植物の成長には、天体を含めて宇宙の総体が関与しているのです。」――したがって、農業の生産性向上のために肥料をやろうとするなど、「植物に近接した場所ないしはその直接の環境世界の中だけで今日の科学が確認している現象が、単にその場所内で観察の対象になりうるものにのみ関連をもっていると考えることもまた、（磁石の針を磁石の内部の要因だけで説明しようとするのと同じように）幼稚なことなのです。」（注8）

ここでシュタイナーの思想やシュタイナー農法の是非について論じる用意はない。だが少なくとも、私たちの技術文明が植物の本質を充分に内部化しえていないこと、動物的「近」の感覚の延長で〝その場所内で観察の対象になりうるもの〟への即物的なアプローチに偏向しがちであるという批判は、傾聴に値するのではないだろうか。

植物がことごとく「宇宙樹」であり、宇宙全体の循環や環境変動と相関している、またはその表現経路としてみずからを貸し与えているとすれば、農の革命（生産力向上）には、「宇宙器官」としての植物の本質をふまえた根本的な認識革命が必要となるはずだ。

そして逆にいえば、そうした視点で植物、ひいては天体の運行リズムや地域気象と関わってゆく「農」という営みは、決して旧きよき伝統への回帰といったナイーブなノスタルジアでなく、次代にむけて植物的知性をあらためて人類文化に統合してゆく重要なプロセスとなりうるだろう。

人間の臨界――植物性と動物性の統合

「人間界と植物界の関係をトータルにコーディネートすること」（B・ダーシュ）、「人間と植物がただ生き残るだけでなく、共に花開くために、どのような条件が必要であるか？」（L・マンフォード）――。

これまで見てきたように、人間と植物の関わりは決して食材や木材、薬草・染料といった有用性の次元で一方的に利用するだけの関係ではなく、相互の同調感覚に根ざした「人間界と植物界の共進化」ともいうべきダイナミックな関係が構築されてきた。

色＝薬で宇宙を身にまとう〝Cosmetics〟にせよ、宇宙器官としての樹木と人間が一つの共鳴系をなす「花見」や「気功」や北欧シャーマンのドラムにせよ、宮大工や焼畑民の環境地理学にせよ、そこには生きた場（生態系）への参加感覚とともに、相互奉仕的〝フィトセラピー〟とも言うべき異種間コミュニケーションの内実が存在した。

民俗的／神話的思考の文脈でも、人間は動物よりもむしろ植物に近しい存在としてイメージされる場合が多い。実際しばしば動物は病気や災厄をもたらす存在であるのに対し、植物はそれを〝癒す〟ものである。あるいは植物から人間が、人間から植物が転生する、といったモチーフ（いわゆる「死体化生」神話）も普遍的に見られる。

　植物は人間にとって精神的な成長・進化の「鏡」ともなってきた。「樹木は人間のこころの自己変容と救済のメタファー」（C・G・ユング）であり、人生のさまざまな矛盾を調停・止揚した全人的存在のモデルであり、「樹木のような創造性の仲介者に人間はならねばならない」（クレー）とされてきた。植物を介して、人間はより高いレベルの「人間」のありかたを発見しようとしてきたのだ。

　花を植物の自己表現の特別な「高昇」プロセスとして捉えたゲーテのひそみに習っていえば、人と花の関わり――特に園芸的な関わり以上に、その薬効や色を取りだしてくるような Cosmetics（化粧）の営みも、そして〝自然の創造過程への参加行為〟としての「科学」（ゲーテ）も、花へと自己昇華するエクスターゼの解放感に、人間が共感し同調してゆくような営みといってもいいかもしれない。

　花のかたちも本来、リンネ流の静的な「博物学的分類」の指標にすぎないものではなく、むしろ人間のダイナミックな霊的成長を洞察する認識のメディアだった。

　もちろん精神的モデルとしてだけでなく、実質的にも人間の脳と心の新たな次元の開発、ひいては人間の自己超越に奉仕する特権的なパートナーとして共進化してきた幻覚性植物もある（たとえば〝アヤワスカは宇宙の眼なのだ〟と表現されるように）。

こうして見ると、人類文化はさまざまな次元で「植物的知性」を媒介として、人間自身の高次元を模索してきたと言えるかもしれない。

人類文化史を「植物と人間の共進化」という視点から振りかえる作業は、まだ包括的なビジョンにおいてなされてきたとは言いがたいが、少なくともそこには常に人間文化への「植物的知性の内部化」という通奏低音が鳴り響いていたのではないか？

もとより、ここでいう「知性」とは人間的な抽象思考能力という狭い意味でなく、この世界における関係性をより高次に秩序化するような存在様態《ライフスタイル》、という意味での普遍的な知性を指している。

そして、「宇宙的な関係《リンク》の束」「場の調律媒体」としての植物や樹木の知性を、芸術《エコ・エステティック》的なかたちで人類文化のなかに着床させるナビゲーターとして、薬草医や染織家やシャーマンといった経験資源の持ち主たちを（地球文化的な視野で）位置づけなおすこともできる。

思えば人間は、動物であるにもかかわらず直立し、樹木的な垂直感覚と重力体験を共有する存在である。それに視覚・嗅覚・聴覚など動物特有の「近」の感覚をベースにしながらも、科学や技術による〝眼の延長〟〝手の延長〟を介して、（少なくとも機能的には）全宇宙を視野にいれた二次的な「遠」の観得を獲得しつつあるようにも見える。

ここに動物性と植物性を統合する「人間」という存在の特異な進化的位置が暗示されているとは言えないだろうか？（当然これは、外胚葉系における動物性の奥底に内胚葉＝内臓系における植物性の宇宙感覚を潜在させる人間、という三木氏のビジョンに共鳴するものだ）

とはいえ、シュタイナーが示唆していたように、近代の人類の知的拡張は、おもに「動物的」知性・感性の延長という方向に偏重していたと言えるかもしれない。

それは農業その他の営為において「植物の知性」を人類文明が内部化しきれていないという面と同時に、人間の思考様式における「植物型の知性」を近代科学技術文明は排除してきた、という両面においてだ。

ここで第二章でもみたそれぞれの生物学的条件をふまえて、「動物性」の知性と「植物性」の知性の対比をあらためて整理してみよう。

前者は、身体構造における閉鎖性と移動能力を前提とした「環境からの相対的自立」、視点の自由＝移動可能性に基づく特定の時空間的コンテクストへの非依存性（――それはユニバーサリズムにつながるだろう）、そして何より自家栄養能力の欠如から他の生命体の殺害／捕食（潜在的な暴力性）を特長とする。

それに対し後者は、基本的には光合成による自家栄養能力をもち、他者の生命に依存しない自立性をもつ反面、代謝循環経路の開放性と移動能力の欠如からくる「環境への内属性」「コンテクスト依存性」が顕著であり、またそうして自ら環境を変えられないゆえに、いかなる環境にも応じられる自己の遺伝的多数性《ポリフォニー》を増幅させてゆかざるを得ない。

こうした対比的な生命形態と知性のスタイルを、私たち人間の思考や文明の型にあてはめて考えてみるとどうだろう？

たとえば同じ〝宇宙学〟でも、古代・中世の「占星術」(astrology) にとってかわる形で近代においては「天文学」(astronomy) が発達したが、この両者のちがいは、単に科学的であるかないか？　といった次元だけで語られるべきものではない。

後者が〝宇宙はいかに（HOW）動いているか？〟というメカニズム、また〝いつでも、どこでも、誰にとっても真理であるような〟普遍的で匿名的な（＝特定の時空や個的なコンテクストから自由な）法則を追求する体系であるのに対し、前者はむしろ〝何年何月何日に生まれた私に、今ここで／これから何が起こるのか？〟〝なぜ（WHY）私がここでこのような目にあうのか？〟といった、個別的で属人的な一回性の文脈から意味を読みとる、いわば「コンテクスト志向の科学」である。

また、「いま、ここ」での時空間的なコンテクストを宇宙的《コズミック》なスケールで観想し、そのリズム（運勢）に共振してゆこうとする占星術の思考は、ある意味で植物性の「遠の観得」の延長であり、それに対して、自分の位置や視点の限界から（あるいはコンテクスチュアルな「運勢」や自然界のリズムによる被規定性から）自由になろうとする超越論的な科学・天文学は、移動性をもち、特定の場の規定性から自由になりうる動物性の思考と「近の感覚」の普遍化だといえる。

近代科学の観点からは、特定の文脈での一回性の出来事を説明するための占星術的な思考は、再現性をもって証明しえないので〝非科学的〟ということになる。しかし逆に、科学のほうも「なぜ（ほかの誰かでなく）この私が、いまここで、こんな目に？」という個別的な〝ＷＨＹ〟を原理的に説明しえないという点で、生きていくための知恵の体系としては決して万能ではない。つまり視点によって、両者の優劣は相対的なのだ。

もとより、ここでは占星術を擁護することが目的ではない。だが、少なくとも現代の私たちの文明の思考が「近」の感覚に基づく可視的な因果論に偏向し、即物的な想像力の制約を受けていること、ユニバーサルな法則の探究で成果を上げた反面、「場の感覚」に基づいたコンテクスチュアルな科学の可能性について、未開の状態にあることは否めないのではないだろうか？

そして、動物性の感覚と知性の拡張に偏向してきた近代に対し、人類文明の次なる世紀は、近代科学によって排除・看過されてきた植物の知性と（それを人間が内部化したうえでの）植物的なコンテクスチュアルな思考を、あらためて自己のうちに再生・統合してゆく段階なのではないか？

たとえば地球環境の危機が叫ばれるなかで、農業のありかたを含めた人間活動のリデザインと「ガイア・システム」の調律が最優先課題として浮上しつつある。しかし、数億年かけて練り上げられてきた精妙な共生システムは、現段階の人間の科学技術だけでコントロールしうるものでは到底ない。

こうした地球的《グローバル》な関係性のコーディネートという次元において、いま私たちは、植物界と人間界の共進化の新たな課題に直面しつつあるように感じられる。それは端的にいえば、地球大の生態系（代謝系／生命情報ネットワーク）と人間のネットワーク（人工物系／エネルギー系／デジタル情報系）がどのように共進化しうるかという課題だ。

植物がさまざまな共生昆虫や微生物・菌類との多層的なネットワークを通じて地球にはりめぐらせている感覚神経系の網《ウェブ》の目は、おそらくこれまでの人類の物理科学や工学的思考の枠組とは異質な、オルターナティヴな知性のスタイルを体現していると思われる。

実際、森の木々たちの相互コミュニケーションをロボット工学の立場から研究する三輪敬之氏の研究によれば、動物のような神経系や明示的な伝達手段をもたない植物にも精妙な情報コミュニケーションのシステムがあり、そのパターンには私たちの想像をはるかに超えた共創的《ボトムアップ》な情報生成のプロセスが見られるという（注9）。

個々の樹木は、そのまわりの局所の部分だけの状況判断で伸びているわけでなく、より大きな範囲での全体情報を共有している。根や葉の電場形成などを介して、場の情報を「共創的」に自己生成している。太陽の方向や重力だけでなく、他の植物との位置関係や時間的推移まで含めた全体観を共有してゆくダイナミックなネットワークの一部として、個々の樹木は生きている。

こうした情報システムをベースとして、現時点での人間の科学技術では逆立ちしてもできないような、複雑で柔軟な森林生態系が形成・維持されている。個々の木として可視的に把握しうる部分が、宇宙的器官としての「メタ樹木」のほんの一部に過ぎないなら、宇宙循環の回路としてわが身を貸し与えている樹木共生系の秩序全体を捉えるのは容易ではないだろう。

だが、人間の活動がこの惑星の許容範囲をこえ、予測不可能なレベルでその生態バランスを破壊しつつある今、それは同じ惑星系を維持しながら共生してゆくために、私たちが是非とも学び、文明的な営為のなかに採り入れなければならない「外部の知性」なのだ。

その知見を通じて、来るべきポスト・インターネット時代の人工情報生態系のありかたを、何らかの形で植物的知性を内部化したような、より高度でバランスのとれたものにデザインしてゆく可能性はある。それにより私たちがつくり出す人工物のネットワークが、森林情報ネットワークと多少でもバランスのとれたかたちで相互接続（＝共進化）しうるような時代が来るかもしれない（注10）。

その時、地球の感覚神経系《グローバルセンサー》としてのインターネットは、そうした知性の異種間相互接続の一つの土台となりつつ、人間世界の内部で自己完結した現在の“Inter-personal”network から、多様な動植物ひいては「宇宙船地球号」の生態システム全体へと見えない連結線を延ばしてゆくような“Inter-species”network へと自己拡張してゆくことになるだろう。

このシナリオが成就してゆく時、「人間と植物がともに花開く文明」（マンフォード）、「人間と植物の相互奉仕《フィトセラピー》」というビジョンは、もはや単なる現代文明批判あるいはその暴力への癒しとなぐさめのメタファーとしてではなく、人間自身の進化の新たな段階を描写する言葉となるはずだ。

注1――D・H・ロレンス『チャタレー夫人の恋人』第一〇章。

あらためて言うまでもなく、キリスト教以前のヨーロッパ精神の古層には「森の文化」が脈々と息づいていた。日本は「木」の文化で西洋は「石」の文化という通俗的な二元論は安直に過ぎるものであり、たとえばロンドンなどでも一七世紀頃までは都市建築は基本的に「木造」だった。

ゲルマン系やスラブ系の土着的な「木の文化」は、それが内包する樹木（精霊）崇拝を否定しようとするキリスト教が入ってきてからも、たとえば五月祭（メイポール）や〝クリスマス・ツリー〟や〝十字架〟といった象徴的な形態で命脈を保った。まるで整然と立ち並んだ木立ちに迷い込んだような錯覚を与えるゴシック様式の教会建築も、まさに「森」のイメージの直接的な投影だ。

近代にはいり、今度は〝魔女狩り〟に象徴されるような「近代理性」による排除で、ヨーロッパの「森の文化」は本格的な打撃を被った（ちなみにジャンヌ・ダルクも「樹木崇拝」の嫌疑をかけられて糾弾された口だ）。だが、それでも森の「経験」の文化記憶の深層は、前章のサーメのように文明の中心部からはずれた周縁地域の文化のなかに、またヨーロッパ精神の裏街道としての「ロマン主義」思想の系譜（文学でいえばゲーテやヘッセに代表されるような）に受け継がれてきた。ロレンスの文学も当然その系譜上にある。

2――川崎寿彦『森のイングランド――ロビン・フッドからチャタレー夫人まで』第七章（平凡社）

3――同書、第七章

4――津村喬『気脈のエコロジー――天人合一と深層体育』ほか（創元社）

5――レヴィ＝ストロース『今日のトーテミズム』第五章（みすず書房）

6――森繁哉氏の公演パンフレットより

7――野澤重雄との私信、および草柳大蔵／野澤重雄著『トマトの巨木の生命思想』（ABC出版）より。

8――R・シュタイナー『農業講座』（人智学出版会）一二三頁

9――ここで紹介する三輪敬之氏（早稲田大学理工学部教授）の研究は、氏の研究室から出されている「植物のコミュニケーションに関する研究」と題された一連の論文および私信から得た論点を、筆者なりに整理したものである。

たとえば葉に電極をつけて生体電位変化のデータを取ると、森全体のダイナミズムがリアルに可視化されるとともに、電位波形が同じようなパターンで振れる樹木群がいくつか分散していたりするのがよくわかる。原生林では、樹木が多様性をもった数十本単位のグループを横断的（モザイク的）に形成していて、時間とともにグループの境界が崩れ、再構成されていく。

つまり場の生成／共有のダイナミズムが高く、情報コミュニケーションのパターンに冗長性や複雑性が高い（ちなみに人間が意図的につくった人工林と樹木自身がみずから創りあげた原生林とでは、やはり樹木間のインタラクションや情報空間＝場の形成パターンに大きな違いがあるという）。

また、興味深いことに「気配」や「雰囲気」のコミュニケーションとでも表現したくなるような様相が、生きた植物生態系にはしばしば見られるという。たとえば背丈の小さな植物のとなりに別の植物が成長しようとする場合、将来となりの植物にあたる光を遮断してしまうことを〝予測〟してでもいるかのように、それとは逆の方向に成長しようとする。あえて競争を避けようという戦略を植物は持っているようなのだが、それを実際に可能にしているのが、おもに地中の根の周辺に植物同士がつくり出している電場コミュニケーションだという。根はそのまわりの局所の部分だけの状況判断で伸びているわけでなく、より大きな範囲での全体情報を持っているのだ。

10——〝植物パラダイムの社会情報システム〟という意味では、たとえば現在の動物型／人間型の「近」の運動感覚機能に特化したロボットと相補的なかたちで、さまざまな場所にユビキタスに埋め込まれ、共創的なセンサーネットワークとして機能するような、コンテクスト依存型の〝植物モデル〟ネットワーク・ロボティクスが今後重要になる可能性もある。これが自然生態系とのインターフェイスを持つようになれば、人工物体系と自然生態系が共創的に連携した新たな「人工自然系」のありかたを展望しうるかもしれない。

ポスト二〇世紀型の自動車交通システムの兆しとして、情報ネットワークで連動する「粘菌型」のネットワーク・ヴィークルも構想されているが、それなども各車が渋滞や降雨状況をリアルタイムに情報共有することで、自動車交通システム全体が都市の生きた情報センサーネットワークへと進化する可能性を予感させるものであり、〝植物モデル〟のネットワーク・ロボティクスの一形態と考えることもできる。

さらにエネルギーの分野でも、たとえば地球の自転／公転（昼夜／季節）や地域差といったコンテクスチュアルな変動特性を考慮したエコロジカルな自律分散型の発電システム（植物を模倣した太陽光発電や燃料電池による）と、超伝導送電ネットワークによってその偏差のグローバルな相殺（地域間融通）を行なうようなシステムも考えられている。

これも植物や菌類／微生物による地球生命系の代謝システムとは比較しようもないが、

現在の「近視眼的」な技術体系から脱して植物的な環境知を模倣したシステムへと人工物体系が進化する一段階としては評価しうる大きな飛躍だろう。

終章　現在する宇宙樹

焼け野原に大きな樹が一本残る。すると鳥たちがやってきて、さまざまな木のたねを落としてゆく。やがてそこは、いろいろな木々に鳥や虫やけものが集い、ひとときのやすらぎを得るシェルター（避難所）となる。木々は水を集め、自らの放散する蒸気で雲をつくり、龍が舞うような水の循環のドラマがはじまる。

樹木を介して天―地が結ばれ、世界が再生の鼓動に満ちあふれる。そこは、さまざまな存在の出会いの交差点であり、複雑な生命連鎖と共生ネットワークの結節《ノード》となるだろう。

また人やけもの、ましてや虫たちの短い一生に比べれば、樹木の時間の尺度《ものさし》はずっと大きい。樹が何十年、何百年とそこに立ち、人やけものの幾世代もの物語に立ち会っていくとすれば、その樹はある意味で歴史の証人であり、過去と未来がそこで出会う時間の結節点ともなる。

人はそこで先祖と語らい、自らの来歴や出自を知り、また未来への伝言を樹に託すかたちで、自分の子孫と関係を持つことすらできるのだ。

「たとえ明日世界が終わろうとも、私はリンゴの樹を植えるだろう」という言葉は、そのまま人類が樹に託してきた普遍的な思いを代弁している。

すでにここには「天地を結ぶ媒介者《よりしろ》」「生と死を結びつけるシンボル」としての樹木の

普遍的イメージが集約されている。

実際、人類の多くの神話・伝説のなかで、樹木は「天―地―地下世界をつらぬく通路」としての〝宇宙樹〟であり、それゆえに「生命の源泉であると同時に冥界（死者の国）への入口」でもあるような特別な場所《トポス》だった。

たとえばゲルマン神話の古文書『エッダ』に描かれる宇宙樹「イグドラシル」――。その枝は全世界を覆いつくしながら天まで達し、またその幹をまっすぐに支える三本の根は、それぞれ神々の地下世界、人類以前の氷の巨人の世界、そして最後に「死者の国」すなわち人類の祖先の領域につながっている。

各々の根元に、三つの泉が地下世界から湧き出しているが、その性格づけはとても象徴的だ。この世界のすべての生命をうるおす泉は、三番目の「死者の国」につながる根元から湧き出している。二本目の根のわきには知恵の源泉（――真の知恵は人類以前の世界からやってくるという事だろうか？）。そして最も神聖な第一の根元の泉は「若返りと浄化の泉」とされ、そこに落ちた者はすべて卵の殻のごとく真っ白に、つまり原初の純粋さ、生誕以前の起源へと立ち戻るというのだ。

この〝宿命の井戸〟こそが、すべての生きとし生けるものがそこからかたちづくられる源泉《マトリクス》であり、世界のさまざまな「可能態」を内包した種子を暗示する。この浄化＝リセットの機能ゆえに、この根がつながる地下世界の神々たちにとっても、そこは物事を解決し、裁判を行なうために集まる場所ともなっている（注1）。

宇宙樹は、こうした「世界の浄化／再生」とともに（いやそれゆえにこそ）、「人間の死と再生」のシンボルとみなされてもきた。

同じ『エッダ』のなかの〝高き者のことば〟と呼ばれる詩には、シャーマン的英雄の死と再生が次のように謳われている。

私は吊るされた、そうだ
風に揺らぐあの樹に
九日九夜のあいだ
私は槍で突かれ
そしてオーディーンに与えられた
われとわが身を己に捧げて。

世界と他者を救済するために木の「十字架」にかけられ、槍で心臓を貫かれたイエス・キリストを彷彿とさせるこの物語は、実は北方ユーラシアに遍在するシャーマニズムのスピリチュアルな「死と再生」の原型イメージをそのまま表現したものでもある。

「宇宙樹」に見立てられた木（柱）のもとでシャーマンになるための通過儀礼《イニシエーション》を経験する若者たちは、夢のなかで精霊たちに会い、そこで自らの首をはねられ、からだを細切れにされるプロセスを体験する。そうした死（＝自己犠牲）を経て、再び精霊たちにからだを組み立てられる再生過程のなかで、彼らはシャーマンとしての超人間的な能力——トランス状態で太鼓を叩きながら、宇宙樹を通して天界と地下世界を往還するような——を獲得するという。


天地を貫きつつ、世界を絶えまなく浄化し、死者の国と人類の現在に微かな対話の回路を開く「宇宙樹」。そのもとで、それを〝よりしろ〟あるいは天—地—地下世界を往還する通路として使いながら、自己とあらゆる人々を至高の解放へと導くために、おのれは現世を捨てて死者の国に身を投ずるシャーマン的人間像——。

現代のコンテクストでいえば、たとえば宮崎駿氏の『風の谷のナウシカ』は、そうした宇宙論的な原型イメージ——そこに集約された樹木と人間の関わりの高次元を見事に描いた黙示録的な作品といえる。

文明崩壊後、汚染で住めなくなった地球において、〝腐海〟を浄化しつづける巨樹の森。

ナウシカが降り立った地下の空洞には、その巨樹たちの根が天井から突き出していて、その樹々に浄化された土や水・空気に満たされたその空間のなかでは、不思議なことに有毒なはずの菌類も無毒になっていた。

死に満たされた世界において、唯一の希望を担保する巨樹の森と地下のよみがえりの世界――。そこから再生へのメッセージをたずさえて地上世界に戻ったシャーマン＝ナウシカは、森の分身である巨大な昆虫オームの怒りで一旦粉砕されたのち、オーム自身の触手の治癒力によって蘇生され、天高く掲げられて、自己と世界の「死と再生」のプロセスを体現してゆく。

〝その者、青き衣をまとい、金色の野に降り立つべし――〟。

この啓示的なビジョンはしかし、優れた創作が例外なくそうであるように、宮崎氏の独創ではなく、人類の普遍的なイメージの原型に根ざしたものだ。

実際、人類の多くの宗教は、こうした人間と樹木の関わりを〝よりしろ〟とした宇宙的な死と再生の物語に根拠をおくことで、ありうべき「人間の高次元」、未然形の精神文明の可能性を提示してきたのではなかったか。

たとえば〝木から生まれ、木（十字架）に還った〟イエス・キリストと同様、ブッダもほとんど「木の化身」とも言うべき存在である。

ブッダの生涯は森で始まり（母マーヤーは城をでて森にはいり沙羅双樹の枝につかまって出産した）、やがて家族と城をすてて森の修行者になり、樹下で悟りを得たのち、最後はふたたび森に還って入定する。だからブッダは常に「菩提樹」のイメージとともにあり、実際ギリシャ（ヘレニズム文化）の影響で紀元前後から人間の姿をした「仏像」が作られ始める以前は、ブッダは樹木そのもの、あるいはそれを象徴した卒塔婆で表現されていた（仏像そのものも、人格化された菩提樹と考えるべきだろう）。

ブッダの〝悟り〟は「宇宙樹のもとで自己を生贄として捧げ」つつ、樹に胎蔵されたかたちで「うつろいやすい無常な存在である己を捨て、宇宙全体とふたたび一つになる」行為だった。それは「宇宙樹を経路とした冥府への旅」であり、悟りをさまたげる数々の魔との戦い――自我の死と再生の過程そのものが「はじめ地底の深みで展開され……次いで地上、さらには天すなわち宇宙樹の梢に向かう」という意味において、まちがいなく北方ユーラシアのシャーマニズムやイエス・キリストの受難、さらにはナウシカの救済物語とほとんどパラレルなプロセスといえる（注3）。

さらに言えば、ブッダの自己犠牲の〝菩薩行〟は、この悟りにいたる眼に見える過程だけでなく、民間伝承（ジャータカ）などにも説かれてきたように、前世から幾度も繰り返されてきたことでもあった。そこでは、たとえば飢えた虎におのれの肉体を差し出し、みずから食われる存在となることで自らを無化しながら、宇宙的な存在へと自己昇華してゆくブッダのイメージが描かれている。

森の存在に食われ、森に個的な自我や肉体性を送還してゆくことで、「人間」の高次のあり方を体現しうるという思想――。

これが決してブッダと仏教だけの特殊な物語ではなく、少なくとも二万年以上の歴史をもつ新石器ホモ・サピエンス（現生人類）の文化に普遍的に見られる「森の思想」あるいは「野生の思考」であることを、中沢新一氏の神話研究が示唆している（注4）。

それによれば、人類の神話的思考においては〝狩る者〟は必ず〝狩られる者〟にもならなくてはならない、という「対称性の原理」が普遍的にみられる。

数多くの神話のなかで、たとえば一時的に「熊」（森の恵み＝狩猟対象であると同時に森の神でもある）のコミュニティの一員となり、狩られる側に身をおく経験をへて人間の世界に還ってきた者が、真の狩人となるといったエピソードが語られる。あるいは、実際に通過儀礼などにおいてシンボリックに「熊」（人食い）に食われる体験をすることで、ようやく社会のなかで一人前と認められる。

〝食うもの〟はつねに潜在的に〝食われるもの〟でもあり、そうした相互転換の過程を経験することを通じてはじめて、人間は真に「人間」となることができる。

こうした思考を根底に据えている点で、仏教の「空」の思想（個我の滅却と超越の思考）はある意味で「森の思想」の変奏曲であり、神話的な「野生の思考」の系譜に連なる普遍的な考え方にほかならないというわけだ。

この思考は、たとえば仏教徒としての宮沢賢治が『なめとこ山の熊』や『注文の多い料理店』などを通じて現代に再生しようとした視点にほかならない。また「狂牛病」の本質を、こうした人間と動物、あるいは文明と自然の関係における相互的なコミュニケーションの喪失として捉える、『野生の思考』の著者レヴィ＝ストロースの思想の核心でもある。

ここで「森の思想」は、植物と人間の関わりというフェイズとともに、捕食や殺戮といった動物的な「暴力性」の介入を通して自らを重層化させている。

宇宙樹の思想の核心にあるのは、〝樹木との一体化〟や〝樹下の悟り〟といった静的《スタティック》で予定調和的なイメージばかりでは決してない。むしろ樹木的知性の内部化を通じて、動物／人間としての規定性を引き受け、さらにそれを超えていこうとする意思を、そこに見出すことができる。

森の思想の変奏曲としての仏教が標榜する「非暴力」も、単に植物的な「受動性」(passiveness) でなく、動物的な〝食う者／食われる者〟の暴力的な関係性を内包したうえで、その相互転換可能性のうちに、それを超えてゆく「人間」の高次元（「愛」と「受苦」＝passion）を展望しようとする思想といえる。

森の思想はその意味で、非対称の暴力にみちた現代文明への批判であるとともに、より大きな「人間観」への問い——ホモ・サピエンスという新たな種がはらみもつ、地球上のさまざまな種との未然形の共生進化ビジョンにほかならない。

一方的に自然を支配しうる（＝狩る／食う）能力に「人間」の根拠を見いだすのではなく、狩られる側にも立てる、あるいは人間以外の存在（立場）にもなりうるという点にこそ人間の「人間」たる根拠を見いだす、自己自身からの自由をも含めた人間観——。

その革新性は、たとえば現代の〝脱人間中心主義〟の一つの典型としての、ナッシュらの「環境倫理学」と比較してみるとわかりやすい（注5）。

この倫理思想の基本は、西欧流の自由と平等の哲学を、人間界だけでなく自然界にまで拡張しようとするものだ。その理論的な礎ともいうべきロックの「自然法」思想は、すべての人間に自然権というものを認め、西欧民主主義を実現したが、それをいまや「自然の権利」という概念で生きとし生けるものすべてに適用すべきだという。

もともと西欧近代の歴史は、貴族の権利を市民一般に拡げ、男性だけの権利を女性に、また白人が独占していた権利を奴隷や先住民へと拡げてきたのだから、その延長で今度は人間以外の動植物にまで拡張する——これは自然で必然的な流れだ、というわけだ。

これは一見正論に思えるし、人間中心主義を超えた新たな倫理（エコ・エシックス）を提示しているように見える。だが、それは本質的に「人間」の論理と倫理の自然界への拡張であり、西欧近代の思考の外挿化にすぎないともいえる。そこでは「人間」とそのありかたへの根源的な問い直しは前提されていないのだ。

だから、たとえば樹木にも権利を認め、木の側に立って法廷で人間が森の代弁者＝保護者をかって出たとしても、それは結局は「自然」を「人間」の世界に囲い込むことにすぎない（それはアメリカ流の民主主義の世界への拡張こそが唯一の「正義」と考えるのと同型の思考だ）。

それは現代の野放図な開発に歯止めをかけ、環境保護を促進するという対症療法的な効果は発揮するだろうが、そこから新たな文明の公準を示すような飛距離を持った思想を期待することはできない。

仏教につながる「森の思想」のメッセージの核心が、身勝手な人類文明の暴力（非対称性）への倫理的批判にとどまらず、むしろ「人間観」の問い直しにこそあると述べたのは、こうした意味からだ（注6）。

〝狩る者〟としての動物的な自由（＝殺戮的暴力）の技術的拡大でなく、〝狩られる側の視点〟をも内面化した、「人間」「動物」としての規定性をも超えてゆく自由に、真に人間らしい知性を見てとること。

自然の支配でも、人間の論理の自然界への拡張でもなく、「自然」というもっと大きな公共空間のなかの調停的媒介者《コーディネーター》としての可能性に、人間の高次元を展望する視点――。

そうしたラディカルな人間中心主義の相対化を、ブッダやイエス・キリストの「空」の思想／「慈悲」の思想は胚胎していたように思う。

そして、それが〝樹木と人間の共進化〟を予感させる象徴的なイメージ――「菩提樹」や「十字架」に同一化した超越的人間像――に託しつつ提示されたのは、いわば二万年にわたる森と宇宙樹の人類史的原体験の再上演ともいうべき、必然的なプロセスだったのかもしれない。

いや、おそらく〝狩られる側に立つ〟という言い方すら、その思想の核心を表現するには不十分なのだ。そして、その探究の旅路を地下の冥界（死の領域）への潜行とそこからの再生として二元論的に捉えることも――。

なぜなら生と死はじつは同じものであり、死を死としてしか（生と対立するものとしてしか）見られない心の不自由から脱することをこそブッダは説いたはずだから（「解脱」も生老病死の「四苦」から逃れることでなく、それを「四苦」としてしか見れない心の執着からの自由を指していたはずだ）。

樹木や花は、そうした人生の根本矛盾を調停し、止揚するためのメタファー（回路）として必然的に召喚された。

実際、樹木は地上に見える姿だけが樹木ではない（地下の同じだけのひろがりを反転したネガとして持つ）。また屋久の森が体現していたように、樹の本体だけが樹なのでなく、そこに交差する多様体ネットワークの宇宙的総体が「樹」である（個々の木はその共創的部分にすぎない）。

花も花として咲いている姿だけが実体ではない。「悟り」の象徴である蓮華は、それが根差す泥土＝「煩悩」の海とつねに一対のものである（ゆえに仏教では、煩悩をむしろ悟りへの培土として見る）。また、〝道の辺の　木槿《むくげ》は馬に　喰はれけり〟（芭蕉）と詠まれたように、そこで食われてなくなった花でなく、その「不在」ゆえにかえってその虚空に開示されてくる、花がそこから生成し立ち上がる「生の母胎《マトリクス》」こそが花の実体なのだとも言える（注7）。

こうした有と無、生と死、内部と外部、人間とその他の生物といった見かけの対立・矛盾を超えてゆく、人間の意識の進化の特権的なよりしろとして、おそらく植物のメタファー（「十字架」や「菩提樹」「蓮華」）が存在した。

単に自然界の一員として謙虚に人間を位置づけ直すだけの平面的な弱い思想でなく、人間固有の「強さ」をも含めた自己のありかたを、こうした垂直軸の存在と無（「灯」と「闇」）の双対性へと昇華してゆくだけの強い思想がいま必要だ。

人類の幼年期の一つの総決算として提出されたこの〝未然形の人間学〟を、地球環境全体ひいては宇宙のなかでの地球生態系の価値が見えてきた現在において、私たちはどのような形で引き受けなおしていけるだろうか？

ちなみに『風の谷のナウシカ』につづく宮崎駿氏の作品『天空の城ラピュタ』では、滅亡後その再生の日をまつ人類文明の遺跡を（アンコールワットさながらに）その根茎で破壊しつつも抱きしめて、浮遊する宇宙的財産として守っていたのが、重力という二元論的規定から自由になって地上性から離陸した「宇宙樹」であった。

注1――J・ブロス『世界樹木神話』第一章（八坂書房）

2――同書第一章

3――同書第二章

4――中沢新一『熊から王へ』終章（講談社選書メチエ）

5――R・ナッシュ『自然の権利――環境倫理の文明史』（TBSブリタニカ）

6――人間界に自己完結しないユニバーサルでInter-（Trans-）speciesな倫理思想は、実はトーテミズムや仏教など人類文化史の初期にすでに成立していたのであり、はじめ人間（の一部の性・階層）に占有されていた権利の範囲が次第に拡張されて今や動植物まで包含するようになった、という精神史観はあまりに狭い。人間中心主義を超えようとして、その裏返し（外挿化）に陥っているという問題、基本的な「人間観」への問いの欠如――。環境問題はすでに十分にグローバルだが、それに対処する人間の視野や世界経験、また次代の環境倫理を構築するための思想的リソース（そのトランプカードをさばく人々の視野）はおよそグローバルとは言いがたい。

7――岩田慶治『花の宇宙誌』（青土社）一五頁がリスト

あとがき

最後に一つの思考実験をしてみたい。

もしあなたが地球のどこかに、自分のパートナーツリーを持っていたとしたらどうだろうか？

仮に〝わたしの木〟地球ネットワークと呼んでおこう。


たとえば、いまメキシコの、あるいはパレスチナの自分の木はどうしているだろうか？いま現地はお昼時で、そのまわりに子供たちが集まっているかもしれない。

もしも可能なら、その木にライブカメラを付けてみても面白い。地球大の神経系としてのインターネットを通じて、いつでもその木のまわりの様子を木の側から見ることもできる。現地の住民や自然保護官などと契約して、その木やまわりの出来事をネット上に継続的にアップしてもらうこともできる。だが、重要なのはそうした現地のライブ映像が見られることではない。

経済や情報や環境問題がグローバル化し、地球的にモノを考える時代だとわかってはいても、人間という生き物はなかなか地球の裏側の問題を、自分の問題として実感することができない。移動能力を最大化した動物として、地球の裏側まで飛んで行くことはできても、地球や宇宙のひろがりを身体感覚として持つことはできない。

だが、そこに自分の木があることで、地球の裏側のその場所は、自分にとって少なくとも個人的な関心をもつ「特別な場所」となる。

そうした意識の投錨点が生まれたことで、普段は他人事として聞き逃していたような現地のニュースも、急にリアルな自分の問題として感じられるようになる。世界に、歴史に、はじめて主体的な関心をもつようにもなるかもしれない。

これを世界各地で行われている植林活動と連動させてみるのもいい。

単なる物理的・匿名的な「植樹」でなく、人間と樹木の精神的な絆を担保するような植樹手法を創出すること――。そこで重要なのは、たとえばオンライン募金などで植林に参加した個人と、地球のどこかで育ってゆく一本の樹木との、継続的な関係のデザインだ。

それを〝わたしの木〟地球ネットワークという手法で具体化する。

自分の木を地球の裏側に植えることで、地球の裏側に意識が行くようになる。また、〝お互いに地球の裏側に木を植えあう〟〝他者の街並や環境を良くしあう〟という形で、地球的な協働と相互依存の関係が生まれてゆく。

それは、いわば樹木に媒介された人類の普遍意識の創生だ。

仮に地球上に、そうしたパートナーツリーとしてネットワーク化されうる木が千本あったとしよう。

たとえば春分／夏至／秋分／冬至の年四回、地球大のネットワーク・イベントのような形でそれらの木々の開花や紅葉、虫や鳥たちの様子について、折々の時代状況や現地の出来事も含めてインターネット上の地図データベースに一斉に報告しあうようなことができたら、そのデータの集積はそのまま生きた「地球歳事記」となるだろう。

さらに、木の生いたちやその場所の出来事の記録が十年、二十年とデータベースに蓄積されていくと、一本一本の〝わたしの木〟（地球の裏側に棲む誰かの木）に託されたかたちで、場所の記憶の生きた年代紀が形成されていくことになる。

この木が植えられた頃は、こんな時代だったんだな。それからこの木はこんな歴史を目撃してきたのだ。その同時代に地球の裏側ではこんな事が起こっていたんだ……。

身近な木々が、生きた「場所の記憶」そして「世界の歴史」のアーカイブとなる。人は木に託して、歴史を共有する。

ローカルでありながらグローバルな、新たな人類の記憶のプラットフォーム。

そのデータはインターネット経由で誰でもブラウジングできるだけでなく、現地でたまたまその木の場所を通りかかった人が、たとえば自分の携帯電話などを通して、現場性をもってひもとくこともできる（いわば「ユビキタス樹木アーカイブ・システム」）。一本一本の木のＩＤを自分の携帯で検索すれば、その木の来歴、植えた人、植樹された頃の時代状況や地球の裏側の同時代の記録まで、その場で閲覧することができるとしたら素敵じゃないか？

こうして教科書やパソコンを通じてでなく、眼の前の生きた樹木が歴史を物語り、街が生きた記憶のデータベースとなるような新たな文明の段階を、私たちは構想しうるところに来ている。

また、移動できないゆえに特定の「場所性」に強く依存した樹木というパートナーに人類がその記憶を託してゆくとすれば、それはすべてがポータブル化され、場所の固有性を失ってゆく文明の流れに対して、場所に担保された価値や知識を再発見し、〝トポス志向型〟あるいは〝コンテクスト依存型〟の文明のかたちを再生してゆく出発点にもなるように思う。

本論で展開してきた「樹木的知性の内部化」という課題は、そこからさらにはるか遠くつづく道だろうが、少なくとも地球時代の新たな人間と樹木の共進化、植物界まで相互接続した〝Inter-Species network〟にむけての第一歩にはなりうるのではないか。具体的な生き方や行動につながる思考を磨きたいと常に思いながら、普段からいろいろな企画を提案・実践しているプロジェクトメーカーとして、最後に一つ、この時代だからこそ構想しうる社会実践《ソーシャルウエア》のアイデアを提案してみた。

＊　＊　＊

「宇宙樹」は神話のなかの空想物語ではない、と何度も書いた。宇宙樹はつねに私たちの身のまわりに現在している。春になるとあたりまえのように花が咲くのも、植物という形をかりた宇宙的な知性の表れにほかならない。

〝枯れ木に花咲くに驚くよりも、生木に花咲くに驚け〟という三浦梅園のことばに象徴されるように、こうしてあたりまえに存在する植物たち、またそこに示現する宇宙の営みに、私たちはもっともっと驚いていい。

CO_2云々といった即物的な危機意識に矮小化されがちな環境問題《エコロジー》を、もっと知性的で美学的《エステティック》な文脈へと広軌転轍すること。植物や樹木のありよう、それと人間との関わりを、宇宙的な知性の進化過程として捉え直すこと。――それが『宇宙樹』というタイトルに込められた、本書のモチーフにほかならない。

ちなみに本書の題材は、ほとんど私自身の二十代の頃のフィールド体験に発している。骨格となる部分の原稿を書いたのも十年以上前のことだ。その時も含めて出版の機会がないわけではなかったが、結果的にずいぶん長いあいだ寝かせることになった。

音楽家などは、よく作品を何十年も寝かせて熟成させるというが、この本のなりたちも、少しそれに近いようなところがあったのかもしれない。

書き始めた時から基本的なコンセプトは変わっていないが、それを表現する思考の文脈や時代的なコンテクストは、重ねた時間の分だけ重層化し、その時々の風向きや自身の趣向の変化が年輪として刻印されたような本になった。

樹木の本らしく、それこそ「つみ重ね型」(第二章)で各部分が増殖し、一つの樹のなかで枝ごとにいくつもの変異(変奏)が蓄積された多様体に成長してしまった。

まだまだ深化すべきテーマではあるし、この本全体が人類と植物界の共進化という大きな文明課題への自分なりの「序説」にすぎないと自認しているが、それでもそろそろ公に問う「時」ではあるかと思う。

この「時」を本当に樹木のような時間感覚で待ってくださった編集部の森脇さん、小室さん、そして本書に価値を見いだして出版を勧めてくださった坂上社長に深く御礼申し上げたい。また、美しい装丁で本書に形を与えていただいた中島さん、宇宙樹の森を象徴する見事な写真を提供していただいた広川さんにも心から感謝申し上げる次第である。

本書で展望したような人間界と植物界の関係性が、ますます遠い楽園のように感じられる悲しい現実が日々進行しているのも事実だが、「現実への最も有効な批判は、可能な別の未来（＝選択肢）を提示することだ」というのが私の変わらぬポリシーである。

本書が、その別の道へのささやかな第一歩となることを心から願う。

＊　＊　＊

樹木はつねに、ゆっくりとまわりの世界を濾過していきながら、それらの自己表現を媒介する。

みずから高く伸びていきながら、同時に自身を支える大地を肥やしてゆく。

鳥やけものたちにあり余るほどの贈り物をさし出しながら、それらが連れて行ってくれる多様な新天地に、みずからの未来を大らかに託す。

私は樹木のようでありたいと思う。

二〇〇四年立春

重版にあたって

二〇〇四年に『宇宙樹』を出版してから、この一本の思考の樹木のもとで、さまざまな出会いがあった。

本書の第二章の一部は、高校の国語の教科書に採録され（桐原書店刊『国語総合』『探求国語総合』平成二四年検定版）、また同章の別の箇所は、二〇一一年三月一一日の東日本大震災の後、坂本龍一氏が編纂した『いまだから読みたい本――3・11後の日本』（小学館）の巻頭の一節として収録いただいた。坂本龍一氏とは、この御縁もあって氏の新たな音楽活動「フォレストシンフォニー」をめぐるＮＨＫの特集番組で、『宇宙樹』の主題である森と人類の共進化について対談の機会もいただいた。その内容は、二〇一二年に出版された『地球を聴く』（日本経済新聞出版社）という対談集にまとめられている。また若い世代に人気の高いデザイン集団「キギ」のお二人（渡邉良重氏、植原亮輔氏）からは、その〝木々〟というネーミングとデザインのインスピレーションの源泉の一つに本書がなっているという嬉しいメッセージをいただいた。

本書に対するアートやデザイン分野からの応答が多いのは、植物や森、メディアとしての宇宙樹といった本書で扱うテーマが、人間の精神活動や創造性に大きく影響していることの証左であるかもしれない。これからも『宇宙樹』という樹から広がったアイデアの種子が、さまざまな思考の土壌で芽吹き、新たな未来を開いていくことを願ってやまない。ご支援をいただいた方々に、この場をかりて心から御礼申し上げたい。

二〇一三年立春

著者紹介

竹村真一（たけむら・しんいち）

1959年生まれ。東京大学大学院文化人類学博士課程修了。現在、京都造形芸術大学教授。生命科学や地球学を踏まえた新たな「人間学」を構想するかたわら、独自の情報社会論を展開。ウェブ作品「センソリウム」や「触れる地球」、地域情報システム「どこでも博物館」など、自ら実験的なメディア・プロジェクトを数多く手がける。主な著書に『地球の目線』（PHP新書）、『22世紀のグランドデザイン』（慶應義塾大学出版会：編著）、『ひとのゆくえ』（求龍堂：編著）、『地球を聴く―3・11後をめぐる対話』（日本経済新聞出版社：坂本龍一・竹村真一）など。

宇宙樹

2004年6月15日　初版第1刷発行
2022年11月15日　初版第4刷発行

著　者――――竹村真一
発行者――――依田俊之
発行所――――慶應義塾大学出版会株式会社
〒108-8346　東京都港区三田 2-19-30
TEL　〔編集部〕03-3451-0931
〔営業部〕03-3451-3584〈ご注文〉
〔　〃　〕03-3451-6926
FAX　〔営業部〕03-3451-3122
振替　00190-8-155497
https://www.keio-up.co.jp/
装丁――――中島かほる（カバー・表紙写真　広川泰士）
印刷・製本――中央精版印刷株式会社
カバー印刷――株式会社太平印刷社

Printed in Japan ISBN 4-7664-1003-3